AF290336

Die Entwicklung der Forstwirtschaft

Forsteleven mit einer Motorsäge aus Thüringen 1956

Ein Fachbuch für
Forst- und Landwirte, Lehrer und Naturfreunde

Klaus Kehl

Klaus Kehl

Die Entwicklung der Forstwirtschaft

Der Wald im Wandel der Zeiten

© 2016, Tredition GmbH

Die Zeit vor der Forstwirtschaft

Die Entwicklung von der Brandrodung im Urwald bis zur Holzvoll-erntemaschine im modernen Forst war ein langer, ereignisreicher Prozess, in dem viele Erfahrungen alter Meister verborgen sind. Ohne dieses alte Wissen gäbe es heute keine hoch entwickelten Technologien in der Forstwirtschaft. Meine Ehrerbietung! Da ist noch etwas wichtig: Wer im Wald erfolgreich sein will, muss mit dem ganzen Herzen dazugehören. Tellinger drückte das in etwa wie folgt aus: „Wir müssen wissen, woher wir kommen, um zu wissen, wohin wir gehen können." *[Tellinger, M.: „Die Sklavenrasse der Göt-ter", Kopp Verlag, 2015, Reise in die Vergangenheit, S. 47]. Es folgt eine alte Weis-heit:*

Nur wer die Vergangenheit versteht, kann einen Schritt

in die Zukunft wagen.

<h1 style="text-align:center"><u>Ein Blick in die Vergangenheit</u></h1>

Warum beginne ich mit dem Altertum? Weil im Altertum starke und hoch entwickelte Weltreiche durch Energie- und Waldmangel zugrunde gegangen sind? Das Altertum vermittelt uns viele Erfahrungen. Nun, einerseits wissen wir nur wenig über den Wald in dieser Zeit, andererseits gibt es viele Indizien, die hautnahe zeigen, dass im Altertum das Gleiche geschah, was heute im tropischen Regenwald geschieht. Wenn der Mensch nichts ändert, wird unser Wald genauso aussehen wie im Nahen Osten.

Die erste (?) **frühe städtische Hochkultur der Sumerer & Akkader** begann nach unserem Schulwissen etwa vom 4. bis 3. Jahrtausend v. Chr. Ein langer Zeitraum. Das entspricht etwa dem Beginn des Altertums und lag in Mesopotamien zwischen den Flüssen Euphrat und Tigris. Später gehörte Mesopotamien zum Osmanischen Reich. Diese fruchtbare Region mit mehreren Ernten pro Jahr bezeichnete man als **Paradies** *(Garten Eden)*. Mesopotamien lag zwischen den Gegensätzen einerseits den Schlammsenken, Sand-, Kieswüsten sowie der Steppe und andererseits einem ertragsreichen Bauernland. Beide Flüsse brachten regelmäßig Überschwemmungen mit sich und enden auch heute noch in einem sich ständig in den Persischen Golf ausdehnenden Flussdelta.

Das fruchtbare Land zog die **Sumerer und Akkader** zur Städtegründung an. Die Bevölkerung nahm bald zu. Eine **Urbarmachung der Steppe** war erforderlich. Ihre effektive Bewässerung führte schnell zur Ertragssteigerung auf den Feldern. *[Brockhaus multimedial 2010 wissenmedia GmbH Gütersloh/München]*. Aber nach einer gewissen Zeit nahm die Fruchtbarkeit wieder erschreckend ab. Was war passiert? Beim Bewässern eines trockenen, sandigen Steppen-Bodens im warmen Klima steigt das Wasser im Erdboden zur Oberfläche auf und verdunstet dort. Dabei werden die Mineralien an der Oberfläche des Bodens angereichert und bilden nach einer Latenzzeit eine Salzkruste. Klimaveränderungen unterstützten diesen Prozess. Was wurde nun aus dem mit Salz angereicherten Boden? Schauen Sie sich doch das Endstadium, die **Salzseen in Afrika**, an. Auf einem salzreichen Boden kann nichts mehr wachsen. Die Ernährung der Bevölkerung im südlichen Teil Mesopotamiens war nicht mehr gesichert. Notgedrungen verlagerte sich die Konzentration der Bevölkerung weiter nach Norden etwa zum heutigen Babylon.

In Mesopotamien stellt sich heute die Frage: Warum findet man auf weiten Flächen vom Mittelmeer bis nach Afghanistan sehr viele Steppen oder Wüsten? Das einst paradiesische Mesopotamien und sein Umland hatten sich überwiegend in trockenes

Land verwandelt. Klimaveränderungen waren nicht allein schuld an der Austrocknung des Bodens. Hinzu kam, dass der Wald zum Beispiel für den Boots- und Hausbau sowie als Brennholz abgeholzt wurde und keine großflächige Neuanpflanzung des Waldes stattfand. Wenn jetzt Wärme, Sonne und Sturm auf die jungen Pflanzen einwirkten, trockneten die Pflanzen und auch der Boden aus. Hinzu kam, dass nach einem Kahlschlag der Grundwasserspiegel absank. Es folgten eine Abnahme der Humusschicht und Bodenerosionen. Das Endstadium war eine Wüste.

Die Rekultivierung des Waldes wird mit der Zeit immer schwieriger, bis sie praktisch nicht mehr möglich ist. Natürlich gab es dort sicher auch Anpflanzungen wie Weinstöcke, Obst- und Olivenbäume als auch einheimische Holzarten. In Babylon soll es Obstplantagen gegeben haben. **Eine Waldwirtschaft, wie sie heute in Mitteleuropa betrieben wird, gab es in Mesopotamien nicht.**

War die Abholzung des Waldes wirklich so stark? Ja. **Bei einer Reise durch die Türkei konnte ich die Ursachen der Trockenheit herausfinden.** Bei dieser Reise habe ich die Ruinen (Perge) einer einst großen antiken Handelsmetropole besichtigt. Diese antike Großstadt wurde von Erdbeben zerstört. Warum aber wurde sie nicht wieder aufgebaut? Der Touristenführer, der uns durch diese Ruinenstadt führte, zeigte uns neben einem riesigen lang gestreckten Stadion und umfangreichen Straßen der Händler eine sehr große ‚Luxus-Therme' mit Fußboden- und Wandheizung. Der Reiseführer sagte, dass hier riesige Mengen Holz zur Beheizung aus Nah und Fern herangefahren werden musste. Ich hielt die Luft an. Kaum vorstellbar, wie viele Pferdegespanne täglich Holz bringen mussten, damit durch diese großen Heizungskanäle unter der Therme und in den Wände die Heißluft strömen konnte. Schließlich konnte der Holz- und Energiebedarf nicht mehr gedeckt werden. Holz fehlte in allen Bereichen. Das Ende der Großstadt war besiegelt. Damals kannte man die Gefahr eines starken Holzmangels noch nicht.

Die Folgen einer fehlenden Wiederaufforstung des Waldes fanden wir bereits im Altertum.

F. R. Paturi schildert sehr eindrucksvoll und gut verständlich, dass die Forscher der Gegenwart, vor allem nach der Jahrhundertwende, noch viele Großstätte des Altertums in dieser Region und auch in Indien und China freigelegt haben. Eine bedeutende Großstadt braucht ein entsprechendes Umfeld. Das war zu erwarten, denn eine Sprache und Schrift konnte sich nur da entwickeln, wo die Versorgung einer großen Bevölkerung unter anderem eine gut organisierte Verwaltung benötigte und wo Handwerker und Geistesschaffende sich sowohl verständigen konnten als auch genügend Aufträge bekamen. Forscherdrang und Ökonomie gehörten auch im Altertum zusammen. Eine völlig isolierte Stadt hatte weniger Entwicklungschancen. Sumer war nicht die einzige Stadt in dieser Region. *[Paturi, F R, Die großen Rätsel der Vorzeit, Pieper-Verlag, München, Zürich,2009, S.: 13 ff. und später S. 67, 84 ff].*

Interessante, aber spekulative Diskussionen über Mesopotamien werden heute geführt: Ob es bereits im Altertum eine Weltraumtechnologie und/oder Außerirdische gab oder nicht, da verweise ich auf die entsprechende Literatur. Zu diesem Thema empfehle ich Krassa*: [Krassa, P, Gott kam von den Sternen, Kopp Verlag, 2002, Rottenburg].* Diese Themen sollte man ernst nehmen, denn sie könnten viele unserer ideologischen Vorstellungen ins Wanken bringen.

Trotz des Raubbaus am Wald möchte ich diese bisher älteste (?) städtische Hochkultur in Mesopotamien hervorheben. Die Sumerer verfügten über eine hoch entwickelte Wissenschaft. Hier wurden die ersten Schriften entwickelt, die wir heute entziffern können *(u. a. die Keilschrift auf Tontäfelchen).* Die Sumerer sollen später auch bei der Schriftentwicklung anderer Völker geholfen haben. Die Grundlagen der Mathematik *(Zahlensysteme)* und Physik haben hier ihre Wurzeln. Ich kann nicht alles aufzählen. Viele Darlegungen auf den Tontäfelchen der Sumerer passen zu den Aussagen des Alten Testamentes, des Gilgameschepos, zu Mythen und Sagen. Beim Studium dieser alten Schriften werden wir noch so manche Überraschung erleben. **Meine Ehrerbietung vor dieser alten Kultur!**

Über die erstaunlich hohen Leistungen unserer Vorfahren: Ein Beispiel sei Beweis dafür. Paturi *[siehe oben]* schreibt, dass der Satz des Pythagoras, eine mathematische Formel zur Berechnung in der Geometrie ($A^2 + B^2 = C^2$), nicht vom Griechen Pythagoras *(ein Philosoph und Mathematiker)* erfunden wurde, sondern von den Erbauern der vielen Megalithenbauten wie Stonehenge *(3. - 2. Jahrtausend v. Chr.)*, die den Satz des Pythagoras bereits in der Steinzeit zur Bestimmung ihrer umfangreichen astronomischen Berechnungen verwendeten. Viele astronomsche Peil-Linien in den steinzeitlichen Observatorien wurden mit dem Satz des Pythagoras erstellt. Bei Paturi *[nach Thom, siehe F. R. Paturi, s. o.- S. 66]* wird gesagt, „dass unsere Vorfahren vor fast 4000 Jahren einen äußerst exakten Kalender gehabt haben müssen." Wo und wie sie das erlernt haben, bleibt ein Geheimnis.

Bei dieser Mitteilung musste ich lange nachdenken. Bisher waren in meiner irrigen Vorstellung Steinzeitmenschen nicht mehr als unterentwickelte menschliche Wesen. Entschuldigung. Diese Menschen hatten anders gelebt, hatten keine großen Bibliotheken und keine Computer zur Verfügung und haben dennoch Leistungen vollbracht, die keiner von uns richtig nachvollziehen kann. All diese hervorragenden Leistungen unserer Vorfahren sind als Wegbereiter der ersten städtischen Hochkulturen in Mesopotamien zu verstehen. **Wahrscheinlich ersannen die Steinzeitmenschen den Satz des Pythagoras.**

Es ist durchaus möglich, dass es irgendwo noch frühere städtische Hochkulturen gab. Ich möchte an dieser Stelle darauf hinweisen, dass die Zeitangaben, auch die der Forstwirtschaft, oft unterschiedlich überliefert wurden. **Wir müssen in erster Linie die Zeit und erst an zweiter Stelle eine mögliche Jahreszahl verstehen.**

Zurück zur Waldgeschichte Europas

Der Mensch entwickelte sich in der tropischen Savanne mit ihrer wildreichen und von einzelnen Bäumen durchsetzten Graslandlandschaft *[Brockhaus multimedial 2010 wissenmedia GmbH Gütersloh/München]*. Das haben wir bislang gelernt. Heute sind es die vielen archäologischen Funde und groß angelegte DNA-Untersuchungen sowie die Entschlüsselung der mit Keilschrift versehenen Tontäfelchen aus Mesopotamien zwischen Euphrat und Tigris, die viele alte Vorstellungen in Frage stellen. Unser bisheriges Wissen über die Entwicklung der Menschen und ihrer Wanderwegen muss neu durchdacht werden *[TV, Forschungsergebnisse, Dezember 2014 - Krassa, P, Gott kam von den Sternen, Kopp Verlag – Brockhaus multimedial]*. Dennoch waren in der Vergangenheit die Steppe und auch der Wald für den Menschen überlebenswichtig. Wo Menschen lebten, wurde gebaut und Feuer gemacht. Zur Erinnerung: Feuerstein und Zunder *(in Europa leicht brennbare Mittelschicht der Baumpilze von Birke und Buche)*, Räuchern von Fisch und Fleisch, Schmiedefeuer und Holzkohle. Die ersten Menschen zeichneten sich durch selbst gefertigte Werkzeuge aus. Die Wiege der Bronzemetallurgie lag im 6. bis 5. Jahrtausend v. Chr. im Nahen Osten sowie in Nordägypten und reichte bis östlich vom Persischen Golf *[Atlas zur Geschichte Band1, Verlag H. Haack, Gotha/Leipzig, 1973, S.5]*. Kürzlich wurde über Ausgrabungen berichtet, nach denen die Bronzemetallurgie bereits etwas früher im Donaudelta im 7. Jahrtausend v. Chr. praktiziert wurde *[TV-Dokumentation, 2014]*.

Zum Verständnis ein weiterer Vergleich zwischen dem Nahen Osten und Mitteleuropa: In der Zeit der sumerischen Kultur war Mitteleuropa mit Urwald bedeckt. Holz gab es reichlich. Der unterschiedliche Holzbedarf in Mitteleuropa konnte insgesamt ausreichend gedeckt werden. In der Umgebung von mittelalterlichen Großbauten wie der Kölner Dom gab es in der Bauzeit große Kahlschläge. Im Vordergrund stand die Holznutzung. Da wurde

Brennholz genauso wie wertvolles Stammholz benötigt. Die Wikinger beispielsweise benötigten zum Bootsbau ausgesucht hochwertiges Holz. *(Wikinger: Höhepunkt ihrer Entwicklung um das 11. Jahrhundert n. Chr., s. u.).* **Schon unsere Vorfahren mussten ihren Energiebedarf decken und ihre Rohstoffe absichern.**

Eines ist sicher, dass es ohne das Feuer keine menschliche Gesellschaft gegeben hätte. Feuer, aber womit? Holz, Torf und kleine Pflanzen waren die ersten fossilen Energieträger, denen tierisches Fett als Brennmaterial folgte. Kohle, Erdöl und Erdgas, Wind- und Sonnenenergie, Wasserkraft und Kernenergie wurden erst in der Neuzeit genutzt. Halt! Die Römer verfügten bereits über eine sehr effektive Wasserkraft. Hatten auch die Mitteleuropäer immer genug Energie?

Eines ist sicher, dass in allen Epochen viele Kulturen durch einen Mangel an Bau- und Brennholz zugrunde gingen. Wie sehr sich unsere Welt verändert hat, wird dem bewusst, der bei einer Reise durch die afrikanische Wüste „Sahara" Überbleibsel von dicken Baumstämmen findet und Felsenzeichnungen mit Rindern bewundern kann *(erste Züchtung des Hausrindes in der Sahara im Altertum etwa*

im 5. Jahrtausend v. Chr.). In wenigen Jahrtausenden kann ein fruchtbares Land zur Wüste werden. Wüsten können wandern, wenn sich der Ort ihrer maximalen Temperatur verändert *(Plattentektonik, Veränderung des Meeresspiegel, Klimawandel u. a.)*. Nichts ist ewig. Damals gab es weder eine Industrialisierung noch eine Forstwirtschaft. Einen Klimawandel? Den kannte die Menschheit schon. Dennoch konnte man Bäume fällen, bearbeiten und Schiffe bauen. Hut ab!

In grauer Vorzeit wurde der Wald gerodet und abgebrannt, um Gebiete für vorübergehende oder dauerhafte Siedlungen und Land für den Ackerbau zu gewinnen. Oft hinterließen die Nomaden nach ihrem Weiterwandern Ödland.

Anderseits gab es schon in der Urgesellschaft Sippen, die sehr sorgfältig mit allem Brennbaren sowie mit Wasser und Salz umgingen. Selbst eine **vorratspflegliche Weidewirtschaft** wurde von nomadisierenden Völkerschaften praktiziert. Zum Beispiel konnte man im vergangenen Jahrhundert am Aralsee *(Kasachstan, Asien)* Nomaden beobachten, die mit ihrem Vieh rechtzeitig weiter zogen, damit sie zu einem späteren Zeitpunkt erneut ihr Vieh auf dieselbe Weide treiben *konnten [Andrej Platonow: „In der schönen grimmigen Welt", Moskau/Berlin, 1975, Verlag Volk u. Welt, & Tschingis Aitmatow: „Der Tag zieht den Jahrhundertweg", Moskau/Berlin, 1981/86, Verlag Volk und Welt]*.

Wenn ich das Wort **Brandrodung** höre, dann denke ich sofort an einen Waldfrevel. Halt! Machten die alten Völkerschaften nicht genau das, was die Natur mit den Steppenbränden erreicht. Grasbrände, beispielsweise durch Blitzschlag entzündet, brennen die leichtbrennbare Strauch-, Kraut- und Graszone ab und schaffen neues Land für die nächste Pflanzengeneration. Die Hitze wirkt nur kurzzeitig und dringt nicht tief in den Erdboden ein. Die Regeneration ist gewährleistet. Halt! Was die Natur darf, ist für die modernen Industrieländer mit ihren Maschinen sowie ihren Stress und Überdruss nicht angemessen. Dennoch wird auch in unserer modernen Welt immer noch die Brandrodung beispielsweise im tropischen Regenwald von Eingeborenen durchgeführt. **Die Entwicklung der Waldwirtschaft ist immer abhängig von der gesellschaftlichen Entwicklung und deren Umwelteinwirkung.**

Sind die in der Vorzeit gemachten Erfahrungen heute immer noch von Bedeutung? Zweifel kommen auf! Das Altertum gegen unser Heute. Na aber!

Auf einer Reise durch Zypern bewunderte ich einen Olivenhain. Große Hitze, trockener und fester Boden, reife Oliven! Da fragte mich ein Bauer freundlich nach meinem Anliegen. Nach der ersten Verständigung fragte ich den Bauer: "Warum hat man die Olivenbäume hier so weit auseinander gepflanzt?" Der Bauer schmunzelte: „Nun, wir pflanzen die Olivenplantagen immer noch wie unsere Vorfahren. Ein guter Olivenertrag hängt auch vom

Wasserangebot ab. Wo der Boden feucht ist, pflanzen wir die Olivenbäume dichter. Meist jedoch ist der Boden hierzulande trocken, dann pflanzen wir die Bäume auseinander, damit der Baum mit seinen weit ausladenden Wurzeln genügend Wasser aufnehmen kann. Auf trockenem Boden zu eng gepflanzt, würde bedeutet, dass der Olivenertrag abnimmt." Lange und viel erzählte mir der Bauer über die Erfahrungen seiner Vorfahren.

Eine Forstwirtschaft, wie wir sie heute kennen, gab es in grauer Vorzeit nicht. Das schrieb ich schon. Dennoch wurden bereits im Altertum Baumplantagen zur Produktion von Olivenöl, Kork und Naturkautschuk *(in Amerika)* gepflanzt. **Plantagen sind überwiegend forst- oder landwirtschaftliche Betriebe, die mit mehrjährigen Nutzpflanzen meist als ‚Monokultur'** *(im Forst: Bepflanzung mit nur einer Baumart)* **die damals gewünschten pflanzlichen Produkte nachhaltig produzierten** *[frei nach Brockhaus 1998]*. Durch das Gespräch mit dem zypriotischen Bauern habe ich einen völlig neuen Blick auf das Altertum bekommen.

Unsere heutigen Bemühungen um eine nachhaltige Waldwirtschaft haben uralte Wurzeln!

Die Entwicklung der Forstwirtschaft spiegelt sich in ihren Werkzeugen wieder. Einige Beispiele: Im Museum der schwedischen Axtschmiede „Gränsfors Bruks AB Sveden" *[in Gränsfors*

Yxmedja, S-82070 Bergsjö, Mail: yxboken@gransfors.com , vergleiche im Internet:
Hults Bruks Hultafors] findet man **steinzeitliche Äxte**, die aus bearbeitetem Feuerstein oder aus grauem schleifbaren Gestein gefertigt wurden. Der Axtkörper wurde in eine Astgabel eingebunden oder ein Stiel durch ein gebohrtes Öhr gesteckt. Die „Frühgeschichtliche Abteilung des Finnischen Nationalmuseums" in Helsinki stellt ausgezeichnete **Axtkörper aus Keramik** aus. Diese vier- bis fünftausend Jahre alten Keramik-Äxte *(wahrscheinlich Streitäxte)* mit Schneide, Hammer und Öhr ähneln mit ihren Axtkriterien bereits unseren heutigen Äxten. Sie wurden in der schnurkeramischen Periode im ostseenahen Raum aus einem Gemisch zweier Tonarten *(gekörnte Struktur)* gebrannt.

Noch etwas Interessantes: Im Museum in Skellefteå *(Nordschweden, nördlich von Umeå,)* sind ähnlich geformte Äxte und Hacken ausgestellt, die aus weißem Ton *(Kaolin)* gebrannt wurden. Nehmen wir an, dass es sich hier um eine „Art Porzellan" *(Mineralien: Feldspat, Quarz, Kaolin = weißer Ton u. Zuschläge)* handeln könnte, dann müsste man die heutigen Vorstellungen über die erste **Porzellanherstellung** in Europa neu überdenken *(Chinesisches Porzellan ab 7. Jh. n. Chr., andere geben eine viel frühere Porzellanherstellung in China an; Mediciporzellan in Venedig im 16. Jh.; Meißner & Böttgerporzellan {rotbraun vor 1710} und ab 1710 in Meißen als erstes weißes europäisches Hartporzellan bezeichnet, frühere Porzellanherstellungen in Europa werden Halbporzellane genannt).*

Eine weitere Überraschung: Das „Gränsfors Yxmuseum" stellt Kopien von **Äxten aus der Wikingerzeit** aus. Diese Wikingeräxte ähneln ebenfalls unseren heutigen Äxten. Eine Art von Äxten fiel mir besonders auf. Sie waren zur Bearbeitung von Baumstämmen für den Schiffs- und Burgenbau vorgesehen. Diese Äxte hatten eine lang ausgezogene Schneide, so dass die Seite eines dicken Baumes mit einem Hieb bearbeitet werden konnte. *(Die Wikinger waren skandinavische Völkerschaften, die im 9. bis 11. Jahrhundert ihren kulturellen Höhepunkt erreicht hatten. In ihrer Hauptstadt ‚Birka' bei Stockholm sind bereits hochwertige Schmiedearbeiten vor allem von Schwertern ausgestellt worden {‚Schwedenstahl'}.)* Seit ein paar Jahren ist auch die deutsche „Harzer Axt" mit ihrem geschwungenen Blatt und Öhr in diesem Axtmuseum ausgestellt. Diese Axt eignet sich besonders gut für einen gezogenen Schnitt *(in Templin, Uckermark, Ostdeutschland gekauft und von mir in Schweden überreicht)*. **Die Entwicklung der Werkzeuge in der Forstwirtschaft hat ihren vorläufig letzten Höhepunkt in den Holzvollerntemaschinen gefunden.**

<u>Der Beginn der Forstwirtschaft</u>

Schauen wir wieder in die Vergangenheit. Nach dem Altertum folgte das Mittelalter. Im Mittelalter ist wenig über eine Waldwirtschaft berichtet worden. Für diese Zeit war es wichtig, über die gewünschte ideologische Gesinnung der Menschen zu berichten. Dennoch muss ich davon ausgehen, dass es besonders im Umland der mittelalterlichen Großbauten, wie Burgen und Kirchen, nicht nur zur Waldnutzung, sondern auch zur ersten, sicher nur regionalen Rekultivierungen des Waldes kam. Ein Beispiel: Der Straßburger Münster am Rhein hat eine Höhe von 144 m *[nach dem Internet]* *(Baubeginn 1015, eröffnet: 1439).* Ich fragte einen Gerüstbauer, wie viele Gerüststangen und anderes Holz zum Bau etwa benötigt wurden. Er hat nur gelacht. Das kann nicht einmal richtig geschätzt werden. Riesige Kahlschläge sind wohl beim Bau des Straßburger Münsters entstanden.

Die Einführung der Forstwirtschaft zu Beginn der Neuzeit, ist nur möglich, wenn es in der Vergangenheit bereits die ersten Erfahrungen auf dem Gebiet des Waldbaus gab.

Das Mittelalter begann nach dem Untergang des „Weströmischen Reiches" 476 n. Chr. Die Neuzeit startete zeitgleich mit der Reformation Martin Luthers *(Anschlag der 95 Thesen an die Schlosskirche zu Wittenberg an der Elbe   im Jahre 1517, Reformierung der Katholischen Kirche)* und zugleich mit der Renaissance *(Wiederbelebung der antiken Kunst im 14. bis 16. Jahrhundert).* Der gewaltige gesellschaftliche Umbruch dieser Periode forderte sehr viel Bau- und Brennholz. Genau in dieser Zeit *(16. Jahrhundert)* sind die Anfänge der modernen Forstwirtschaft zu suchen. Die vorrangige Aufgabe der Forstwirtschaft

war, ausreichend Holz zur Verfügung zu stellen und auf unfrucht-
barem Ödland ertragsreiche Wälder zu erarbeiten.

Seitdem unterscheidet man zwischen **Urwald und Wirt-
schafts- oder Nutzwald**, der die **Forstwirtschaft**, auch Staatswald
genannt, und den **Privatwald** einschließt *(Forst oder Staatswald = forst:
ahd. zur allgemeinen Nutzung dem König vorbehalten, forhist: ahd. Föhrenwald o.
Kiefernwald, foris: lat. draußen).*

**Welche Wirtschaftsform ist heute zu empfehlen: der Staatswald
oder der Privatwald?** Die moderne Waldwirtschaft sollte sowohl
im Staatswald, als auch im Privatwald ohne gravierende Unterschiede ablaufen. Dieser Behauptung wird kaum einer widerspre-
chen. Dennoch gibt es Unterschiede, die durch die Eigentumsver-
hältnisse und durch den Einfluss des Staates bestimmt werden.

Das Privateigentum schafft im Rahmen der gesetzlichen
Bestimmungen gewisse Freiheiten. Der Waldbesitzer kann beispielsweise seine Bäume fällen und verkaufen, wenn er das Geld
benötigt, kann sich aber auch einen unberührten Märchenwald
schaffen. Das ist allein seine Entscheidung. Die Forstwirtschaft,
also die Hand des Königs und heute des Staates, kann stattdessen
die Waldwirtschaft besser den Erfordernissen des ganzen Landes
anpassen und eher die Einheit von ökologischer und ökonomischer
Waldwirtschaft realisieren. Ohne hier über die vielen Vor- und

Nachteile der Forstwirtschaft, die früher dem König gehörte, zu diskutieren, eine Bemerkung: Wenn Wirtschaftsformen über Jahrhunderte nebeneinander existierten, dann gibt es auch triftige Gründe, beide Formen zu akzeptieren.

Ich erinnere mich an eine spannende Diskussion *(nach Gesprächen mit Forstlehrlingen, 1954)*: Nachdenken und Gemurmel. Wieder ein Zwischenruf: „Wer ist besser: der Staatswald oder der Privatwald oder beide zusammen?" Solche Entscheidungen kann man nicht mit einer „Entweder/Oder-Frage" klären. Beide Wirtschaftsformen haben Vor- und Nachteile. Was tun? Der Bessere ist, wer die gegensätzlichen Formen der Waldwirtschaft wie Schlüssel zum Schloss zum Wohle des Waldes zusammenfügen kann. Der Erfolg geht durch den Kopf. Manchmal muss man seine Entscheidungen an Hand der eigenen Erfahrung und auch mit dem Herzen treffen.

Zurück zur Geschichte der Forstwirtschaft: Ödland und schlechte Waldbestände gefährdeten die wirtschaftliche Entwicklung in Mitteleuropa. Heute schüttelt manch einer bei diesen Gedanken den Kopf: „So schlimm kann es doch kaum gewesen sein." Denen empfehle ich, sich Ölgemälde im Park von Sanssouci in Potsdam *(Neue Kammern)* anzusehen. Sie dokumentieren die ausgedehnte Verbreitung des Ödlandes in früheren Jahrhunderten und zeigen, wie das Vieh der Bauern auf der Waldweide jede noch so kleine Pflanze abfraß. Kein Kommentar.

Im 16. Jahrhundert wurden Bergleute mit vielen Sonderrechten für ihre Arbeit im Schacht angeworben. Zur sogenannten „**Bergfreiheit**" gehörten auch die Waldweide und die Viehwirtschaft der Bergleute. Wodurch aber kam es trotzdem erneut zur Wende in der Waldwirtschaft? Es war die Notwendigkeit, also der große Holzbedarf der Wirtschaft, durch den die Waldweide *(Hutewald, Hudewald, Hutung)* abgeschafft, das Ödland aufforstet und der Wald ertragsreicher bewirtschaftet wurde. Das war ein langer Prozess.

Eine Bemerkung zur **Waldweide**: Dort wo das Vieh jeden Halm und alle erreichbaren Samen des Waldes frisst, ist Naturverjüngung nicht mehr möglich. Eine weiträumige Waldweide hat im Wirtschaftswald keine Berechtigung. Dennoch findet man auch heute immer wieder die Waldweide. Dazu wird eine Waldfläche zur Produktion von Wildfleisch zur Verfügung gestellt. Man erkennt diese Flächen an einem überwiegend lichten Baumbestand und einer abgefressenen Grasnarbe, an vielen Futterstellen und ähnlich einer Rinderkoppel an dicht beinander stehendem Wild. Der heute große Bedarf an Wildfleisch kann ein Forstrevier sehr profitabel gestalten. Auch die Ökonomie verlangt ihr Recht.

Der Gegensatz zwischen Waldwirtschaft und Wildwirtschaft lässt sich durch keinen Kompromiss überwinden. Deshalb muss das Ziel einer forstwirtschaftlichen Fläche klar festgelegt werden. Wird die Waldweide praktiziert, nimmt die Qualität der Waldwirtschaft sehr schnell ab. Nach dem Zweiten Weltkrieg war diese Erscheinung im Potsdamer Wildpark *(Jagdrevier des Kaisers)* an durch Baumpilze verseuchte Waldbestände sehr eindrucksvoll zu erkennen. Nach der Beendigung der Waldweidewirtschaft muss diese forstwirtschaftliche Fläche in der Regel neu aufgeforstet werden.

Zur **Wasserwirtschaft**: Die Forstwirtschaft benötigte schon im 16. Jahrhundert effektive Transportwege, auf denen das Holz zu den Baustellen gebracht werden konnte. Leben ist Bewegung. Von der Effektivität des Warentransportes hängt auch heute immer noch die Chance einer Kultur ab.

Die Entwicklungen der Forstwirtschaft und die der Wasserstraßen vollzogen sich wie zu erwarten etwa gleichzeitig. Dabei gab es uralte Vorbilder. Bereits in China und Ägypten wurde der Kanalbau zum Warentransport und zur Regulierung des Wasserhaushaltes praktiziert. Die ersten Kanalbauten in Europa gehen auf die Römer zurück. Im 15. Jahrhundert erfand man in Europa die

„Kammerschleuse". Das ist eine wasserdicht abgeschlossene Kammer innerhalb des Schifffahrtskanals, in dem die Lastkähne unterschiedliche Wasserstände auf einer Wasserstraße überwinden können. Den Rest einer solchen uralten Kammerschleuse kann man sich heute in Babke *(Mecklenburg-Strelitz)* ansehen. 1965 konnte man hier noch kleine Boote stromauf und stromab schleusen. Die Schleusentore waren sehr klein und sind heute entfernt worden. Die Kammerwände wurden mit viereckigen Pflastersteinen schräg *(45°)* geschichtet. Kies oder Geröll rieselt immer auf maximal 45° steile Abhänge abwärts. Heute kann man an vielen Stellen immer noch den Uferweg erkennen, auf dem die beladenen Lastkähne stromauf und stromab getreidelt wurden. In Babke hat das Überlaufwehr die richtige Höhe zur Schleusenkammer. In den wenigen, primitiv wirkenden Schleusenreste in Babke entdeckt man immer noch eine ausgefeilte Schleusentechnologie der Vergangenheit. Man muss nur mit offenen Augen hinsehen.

Vor Jahrhunderten wurden hier kleine und große Lastkähne mit gebrannten Ziegeln aus Zehdenick, Baumaterial wie beispielsweise gebrannter Kalk und anderen wichtigen Materialien stromauf bis zur Havel-Quelle bei Ankershagen getreidelt. Stromabwärts wurden Holz für die Ziegeleien, Kartoffeln und viele landwirtschaftliche Produkte für die Bevölkerung transportiert. Ohne diese heute vorsintflutlichen Transportwege wäre die Forstwirtschaft nie zum wichtigen Rohstofflieferant geworden. Warum auch hätte man ohne diese Verkehrsader eine vorratspflegliche Waldwirtschaft einführen sollen, wenn keiner das Holz aus dem Wald in die Stadt transportieren konnte. Die Entwicklung der Forstwirtschaft hing immer von der Entwicklung des ganzen Landes ab.

Beim Anblick der Reste dieser kleinen Kammerschleuse in Babke kann man sich kaum vorstellen, dass hier ein reger Warenaustausch auf dem Wasserwege stattfand. Man sollte diese kleine Kammerschleuse im Oberlauf der Havel zu einem technischen Denkmal machen und in seiner historischen Bedeutung dem ‚Schiffshebewerk Niederfinow' *(Oder-Havel-Kanal)*, dem Wasserstraßenkreuz Minden *(Mittellandkanal/Weser)* und dem Magdeburger Wasserstraßenkreuz gleichstellen *(Mittellandkanal/Elbe/Oder-Havel-Kanal, weltweit größte Trogbrücke in Kombination mit dem Schiffshebewerk Rothensee)*. Im Land Brandenburg hat Friedrich II. der Große König von Preußen, genannt der „Alte Fritz" *(Sohn des Soldatenkönig Friedrich Wilhelm I. von Preußen)*, nach dem Siebenjährigen Krieg den Kanalbau stark gefördert. Er benötigte einerseits effektive Transportwege und musste andererseits seinen ausgemusterten Soldaten Arbeit und Brot geben. Erst mit dem Bau der Eisenbahn und später mit der Weiterentwicklung der Autotransporte nahm die Bedeutung der Wasserstraßen wieder ab. Heute hat das Kanalsystem zur Regulierung des Wasserhaushaltes, zur Verminderung von Überschwemmungsfolgen und zur Erholung der Bürger *(Schiffsreisen)* immer noch große Bedeutung. Das Flachland wäre heute ohne dieses Kanalsystem langfristig nicht uneingeschränkt bewohnbar. Andererseits sind die umweltfreundlichen Wasserstraßen mit und ohne Containertransport immer noch billige und ausbaufähige Transportwege.

Im vergangenen Jahrhundert ist die ***Melioration*** *(dosierte Be- und Entwässerung)* der landwirtschaftlichen, fischwirtschaftlichen und viel seltener der forstwirtschaftlichen Nutzflächen zunehmend ausgebaut worden. Der Bauer konnte durch die ‚Beregnungsanlage' seines Feldes höhere Erträge erzielen. Die Teiche der Fischerei konnten nach Erfordernis reguliert werden. In den Achtzigerjahren des vergangenen Jahrhunderts wurde in Ostdeutschland überwiegend die Bewässerung mit einer gesteuerten Entwässerung kombiniert. Die moderne Melioration regulierte sowohl die Wasserzuführung als auch die Entwässerung. Ein Zuviel aber auch ein Zuwenig, beides konnte Schaden verursachen. Um durch eine Bewässerungsanlage der Felder eine Versalzung oder ein Feuchtbiotop auszuschließen, muss man durch ein Gutachten klären, ob das Regenwasser und das Wasser der Bewässerungsanlage, das zusammen in den Boden versickert, auch über eine Entwässerungs-anlage oder über das Grundwasser und die Flüsse ausreichend abfließen kann.

Schon im Altertum wurde die Melioration von den großen Weltreichen ausgeführt. Ohne Melioration hätte es kein ägyptisches Weltreich gegeben. Die Römer verfügten mittels ihrer Aquädukte über eine perfekte Wasserversorgung ihrer Großstädte und über eine Abwasserentsorgung. Kaum vorstellbar ist, wie man in teilweise schwer zugänglichen Hochgebirgslagen die Wasserversorgung in den amerikanischen Hochgebirgskulturen garantierte. Wenn ich jetzt an die natürliche Melioration denke, dann erinnere ich mich an den Biber, der den Wasserstand in seinem Revier regelt. **Melioration weder ja noch nein, auf die richtige Anwendung kommt es an!**

<u>Förderung der Forstwirtschaft</u>

Das Bundeswaldgesetz *(vom 2 Mai 1975)* **besagt, dass Wald im Sinne des Gesetzes eine jede mit Forstpflanzen bestockte Grundfläche ist.** Zum Wald gehören auch Kahlschläge, Waldwege, Waldabgren-zungsstreifen und Sicherungsstreifen, Waldwiesen und Lichtun-gen, Wildäsungsflächen und Holzlagerstätten, um nur einiges zu nennen *(zur Begriffsbestimmung Wald: wolt indogermanisch: ‚Dichtbewachse-nes'; walþu urgermanisch: Büschel, Zweige; walt althochdeutsch: Urwald; vellere: lateinisch: rupfen).*

Als im 18. Jahrhundert erneut ein bedrohlicher Holzmangel durch Übernutzung der Wälder auftrat, wurde als Ausweg die Forstwirtschaft mit einem Konzept der nachhaltigen Nutzung geboren. **1713 prägte v. Carlowitz einen auf die gleichmäßige Holznutzung gerichteten Nachhaltigkeitsbegriff.** *[Carlowitz, H. C. von (1713:) „Sylvicultuae oeconomica' oder ‚Anweisung zur wilden Baumzucht", zitiert bei K. von Teuffel u. a., Waldbau, Springerverlag, 2005, S.1 ff.]*

Was versteht man darunter? Ich möchte mit einem Vergleich beginnen. Wenn der Bauer im Frühjahr sät, kann er im Herbst ernten. Richtig! Im Forst ist das umgekehrt. Wer Holz erntet, muss anschließend die Kahlflächen wieder aufforsten, damit auch die nachfolgende Generation wieder einen Wald nutzen kann. Nachhaltige Forstwirtschaft bedeutet, dass die Früchte des Waldes auch in Zukunft immer in gleicher Menge und Qualität, also nachhaltig geerntet werden können. In dieser Epoche begann eine gewaltige revolutionäre Entwicklung der Forstwirtschaft mit vielen Erfahrungen, Forschungen und Experimenten. Folgerichtig führte diese Entwicklung zu den ersten bedeutenden Forstakademien in Deutschland.

Zwei Beispiele von vielen: Die „**Alte Forstakademie in Eberswalde**" *(Brandenburg)* wurde 1793 von D. Schickler errichtet und 1821/30 vom „Preußischen Staat" nach Eberswalde verlegt *[Internet über die Stadt Eberswalde].* Heutiger Name: Hochschule für nachhaltige Entwicklung Eberswalde *(kurz HNE).* H. Cotta wiederum hatte seit 1786 eine private forstliche Lehranstalt betrieben und wurde 1811 nach Tharandt *(Sachsen)* als Direktor der **Forstakademie Tharandt** berufen *[Internet: E. Schuster, T. Meikar, H. Sander].* Heutiger Name: TUD Dresden, Fakultät Umweltwissenschaften mit Fachrichtung Forstwissenschaften. Beide Forstakademien haben ihre Lehrtätigkeit in großen villenähnlichen Gebäuden begonnen, neben denen heute hoch moderne Lehranstalten entstanden sind. Den ‚Botanischen Garten' in Eberswalde und das Museum im Kloster Chorin *(Brandenburg)* möchte ich ihnen empfehlen. In diesem Zusammenhang ist auch **der Forstmeister Herr Dr. Dr. e. h. Max Kienitz** als Praktiker, Lehrer und Forscher mit internationalem Ruf zu nennen *(geb. 4. 11. 1849 in Pätzig bei Schönfließ, Neumark, gest. 8. 6. 1931 in Bad Freienwalde, Brandenburg).* Diese Forstwirte konnten stolz auf ihre Mühe und Arbeit sein. Leider kann ich an dieser Stelle nicht alle bedeutenden forstlichen Lehranstalten aufzählen *[Verweis auf das Internet].*

Erst gegen Ende des neunzehnten Jahrhunderts wurde eine **Verbindung zwischen den Vorstellungen vom ökologischen Waldbau und dem forstwirtschaftlichen Nachhaltigkeitsgedanken** postuliert *[Gayer K, „Der gemischte Wald", Berlin, 1886, bei Teuffel, K, siehe oben]*.

Eine sich rasch entwickelnde Industrie führte wieder einmal zu einem bedrohlichen Holzmangel, zu Ödland und zur Verminderung der Waldfläche. Wieder musste ein Weg gefunden werden, um den Holzbedarf langfristig zu decken. Nach dem Zweiten Weltkrieg wurden in Ostdeutschland große Holzmengen als Reparationskosten nach Russland transportiert. Abermals mussten gewaltige Kahlschläge aufgeforstet werden. In den Fünfzigerjahren des vergangenen Jahrhunderts sprach man von einer **vorratspfleglichen Waldwirtschaft:** Das bedeutete, dass nur soviel Holz geschlagen wurde, wie jährlich im ganzen Wald nachwächst. Dieser wichtige Begriff erfasste jedoch allein die Holzbilanz des Waldes. Wenn also nur soviel Holz gefällt wird, dass die gesamte Masse des Holzes im Walde immer gleich bleibt, dann ist das nur die halbe Wahrheit. Um Verluste im Wald zu vermeiden und den Holzertrag zu verbessern, muss der Förster sehr viel mehr beachten.

Ich schrieb schon, dass **die Entwicklung der Forstwirtschaft und der forstwirtschaftlichen Werkzeuge immer Hand in**

Hand ging. Damals wurden Bäume mit Axt und Schrotsäge überwiegend in einer Zweimannrotte gefällt *(zwei Holzfäller arbeiten zusammen).* Ein Wetzstein zum Schärfen der Axt sowie eine „einhiebige Mühlensägenfeile" *(Feile mit nur einem schräg geschlagenen Hieb zum glatten Feilen)* und ein Schränkeisen (Werkzeug zum seitengleichen Auslenken der Schneidezähne einer Säge) gehörten in den Rucksack eines jeden Forstwirtes. Welche Werkzeuge befanden sich nun in der Werkzeugkammer des Holzfällers? Ich zähle auf: Ein oder zwei Schrotsägen, eine Bügelsäge, eine Axt und ein Beil, ein Schnittkeil *(zum Offenhalten des Sägeschnittes beim Baumfällen),* dicke Keile, ein Spalthammer, ein Wendehaken *(geschmiedeter Ring mit einem festen Haken zum Drehen eines gefällten Baumes),* ein Schäleisen, eine Hiebsichel *(langstielige derbe Sichel, mit der man Kraut sicheln oder Gesträuch abschlagen konnte)* und ein Spaten waren das Wichtigste. Die „Kulturfrauen" *(damals das weibliche Personal im Forstrevier)* benötigten zum Pflanzen, zur Kulturpflege, zum Samensammeln, zum Entasten und beschneiden junger Bäume sowie zum Kultivieren entstandener Kahlschläge und für die Pflege aller Pflanzen im Revier sehr viele Werkzeuge.

Vor mehr als einem halben Jahrhundert gehörte der Pflug, die Egge, der „Rückewagen" und schon so manche Maschine dazu. Entschuldigung, ich will Sie nicht mit einer Aufzählung langweilen.

Eine kleine Bemerkung zum Verdienst der Forstwirte: Ein ausgebildeter Forstwirt *(1950 nannte man ihn Forstfacharbeiter)* verdiente im Leistungslohn 1,20 Ostmark pro Stunde bei täglicher Leistungsbewertung und die weiblichen Forstwirte, genannt Kulturfrauen, verdienten 1,05 Ostmark pro Stunde. Regionale Unterschiede im Leistungslohn sind in Ganzdeutschland anzunehmen. Ohne ein wenig Ackerland für Vieh und Nahrungsmittel und ohne Deputatholz *(kostenloses Brennholz)* und verbilligtes Bauholz zum Erhalt des Wohnraumes war das Überleben nicht gesichert. Zum Vergleich: Ein Weizenbrötchen zu 50 g kostete 5 Pfennige. Auch ein relativ sicherer Arbeitsplatz und verhältnismäßig günstige Wohnungsmieten von schlechten ‚Nachkriegs'-Wohnungen sind bei der Bewertung dieses Stundenlohns zu berücksichtigen. Dieser Blick auf die sozialen Arbeitsbedingungen gehört auch zur Geschichte der Forstwirtschaft.

Die Leistung des Forstwirtes war so gut, wie sein Werkzeug. Mein Lehrmeister sagte immer: **„Nur wer das Handwerk und den Wald perfekt beherrscht, kann hochleistungsfähige Forstmaschinen entwickeln und produzieren."** Manchmal setzte er etwas bekümmert hinzu: „Wenn das Handwerk zugrunde geht, bleibt der Fortschritt in der Forstwirtschaft aus."

Schon vor dem Zweiten Weltkrieg wurden die ersten „**Schnellschnittsägen**" beispielsweise die ‚**Hobelzahnsäge**' hergestellt. Heute werden eine Hobelzahnsäge für Weich- und Hartholz *(Hartholz: in Folge zwei dreieckige Schneidezähne und ein M-förmiger mittiger Räumzahn)* und eine Hobelzahnsäge für Weichholz *(in Folge vier dreieckige Schneidezähne und ein M-förmiger mittiger Räumzahn)* angeboten. Sie warf mehrere zentimeterlange Sägespäne aus dem Schnitt. Die klassische Schrotsäge mit Dreieckbezahnung ist immer noch in Gebrauch.

Nicht nur im Landwirtschaftsmuseum in Nordschweden kann man diese alten Werkzeuge heute noch bewundern. In den Fünfzigerjahren des vergangenen Jahrhunderts wurden in Thüringen neue Schnellschnittsägen entwickelt. Das bedeutete einen weiteren Leistungszuwachs. Aber **die zunehmende Verbreitung der Motorkettensägen machte eine Weiterentwicklung dieser Schnellschnittsägen überflüssig.** Immer noch gibt es Situationen, in denen es nur mit Handarbeit, also mit den alten Schrotsägen weiter geht. Die in Thüringen nach dem Zweiten Weltkrieg gebauten Zweimann-Motorkettensägen waren leistungsstark, aber etwa einen Zentner schwer und waren ein Risiko für die Wirbelsäule. Der forstwirtschaftliche Fortschritt lag „zentnerschwer" auf unserem ‚Kreuz'. Ich kann hier nicht alle Neuentwicklungen in der Forstwirtschaft aufzählen.

Die Forstwirtschaft und deren Werkzeuge entwickelten sich immer Hand in Hand. Das wurde schon erwähnt. Wo aber bleibt der Beweis? Nun, ich muss einen Umweg wählen, weil dieses Buch nicht über alle wichtigen Entwicklungen der Forstwirtschaft berichten kann. Es würde den Umfang dieses Buch überschreiten und vielleicht die geschäftlichen Vorgaben für die Reklame verletzen. Nun denn, da gibt es einen Online-Shop, der weit über 10 000 Artikeln *(Messgeräte, Werkzeuge, Arbeitsschutzartikel und auch Artikel für die Freizeit, Jagd und das Naturerleben)* anbietet. Ohne dieses Angebot könnte die Forstwirtschaft nicht existieren. Nun, Auch selten gebrauchte Werkzeuge gehören zur Ausbildung eines Forstwirtes. Wenn ich mir die klassischen und die hochmodernen Arbeitsmittel in der Waldwirtschaft ansehe, dann kann ich nur meine Ehrerbietung ausdrücken. Die Werkzeuge dokumentieren eine gewaltige gemeinsame Entwicklung von Forstwirt und Handwerker in der Forstwirtschaft. **Diese Jahrhunderte andauernde Zusammenarbeit vieler Fachkräfte haben nicht nur große Leistungen vollbracht, sie mobilisieren sowohl Stolz, als auch eine ungeahnte Kraft in mir.** *[Hier liegt kein Verstoß gegen die geschäftlichen*

Zur damaligen Holzabfuhr: Die entasteten Baumstämme wurden mit Pferden und „Rückewagen" aus dem Bestand gezogen, auf Langholzwagen verladen und zum Sägewerk gefahren. Dann wurde das Pferd durch kleine und größere Traktoren *(heute von speziellen Transportfahrzeugen)* ersetzt. **Das Bild der Holztransporte hat sich ebenfalls grundlegend geändert.** Damals sah man, wie Langholzwagen mit 20 bis 25 Meter langen Baumstämmen mühselig durch enge Gassen gelotst wurden. Gegenwärtig werden auf kurze Längen zugeschnittene Baumstämme *(beispielsweise zehn Meter)* mit Spezialfahrzeugen zu holzverarbeitenden Betrieben gefahren. Hinter dieser sichtbaren Veränderung verbirgt sich eine exzellente Erfindung. Heute werden kurze Baumstämme in brettähnliche Abschnitte zersägt und mit Kunstharz unter hohem Druck und Hitze zu riesigen Holzkonstruktionen zusammengeklebt. Sie werden nicht glauben, welche ausgeklügelten Holzkonstruktionen damit möglich sind. Wunderbar, aber jede Münze hat zwei Seiten. Also auch die beste Holzkonstruktion ist nicht ohne Risiko. Diese Konstruktionen führten bereits durch Kondenswasser und ungenügende Kunstharzdurchtränkung zum Einsturz solcher Holzbauten.

Zum traditionellen Holztransport gehörte die Flößerei

(Flöße und alles, was dazugehört). Die vielen „**Floßstellen**" *(im Wasser gelagerte Baumstämme)* in den Brandenburger Gewässern sind verschwunden. Das geschlagene Holz wurde früher zum Wasser transportiert, meist über eine Rampe *(glatte zum Fluss hin leicht abfallendes Bodenprofil)* ins Wasser gerollt oder geschoben und dort gelagert. Bei Bedarf wurden die Bäume als **Floß** bis zu den Sägewerken durch Flüsse oder Kanäle meist mit Motorschleppern *(Barkassen)* gezogen. In manchen Fällen genügte die Strömung des Flusses zum Transport. *(**Floß**: Baumstämme mittels dünne querliegende Stämmchen zusammen gebunden oder mit eisernen Holzklammern fixiert).*

Von Touristeninformationen beispielsweise aus Russland oder Nordamerika sieht man gelegentlich Abbildungen von riesigen „**Floßzügen**", mit denen große Holzmengen in Form aneinander geketteter Flöße mit Motorschleppern zu ihren Lagerplätzen gezogen werden. Gelegentlich werden auch Touristenreisen in kleinen Holzhütten auf den Flößen angeboten. Das ist eine Erinnerung an unsere Vorfahren, die in wasserreichen Gegenden auch in Hütten auf Flößen lebten. Unlängst konnte ich in Südvietnam ganze Fischerdörfer auf Flößen besichtigen.

Immer noch findet man im Land Brandenburg und Mecklenburg hin und wieder alte in den See eingeschlagene Holzpfähle, an die man die im Wasser lagernden Baumstämme gebunden hatte. Wenn sie noch nicht entfernt wurden, dann dienen diese oben bereits verfaulten Pfähle den Möwen als Nistplatz. Durch die Lagerung des Holzes im Wasser quillt das Holz auf. Danach verzieht sich das Holz nicht mehr bei wechselnder Luftfeuchtigkeit. So wurde die **Holzqualität** deutlich verbessert. Heute kann mit Heißdampfbehandlung oder langer Lagerung Gleiches bewirkt werden. Der Holztransport mit dem Floß war für große Holzmengen sehr effektiv.

Heutige Relikte der Flößerei: Eine Besonderheit der Flößerei konnte ich in Skandinavien entdecken. Ich musste in Schweden sehr weit laufen, bis ich den Anfang einer Flößerei für kürzere und kleinere Bäume fand. Das waren gut ausgebaute Rinnen, in denen das Holz talwärts transportiert, besser gesagt, mit der Strömung des Baches talwärts gespült wurde, um dann in langsam fließenden breiten Gewässern zu Flößen zusammen gefügt zu werden. Das Wasser wurde von einem Fluss abgezweigt oder einem Stausee entnommen. Das war eine sehr schwierige Arbeit, die den Flößer zu einer anerkannten Persönlichkeit machte. Auch ohne Hochleitungsmaschinen konnte man den Holztransport meistern. Hut ab. Einen Dank an die schwedischen Forstwirte, die mir diese Überbleibsel einer Flößerei zeigten.

Die im winterlichen Gebirge benutzten großen Schlitten zum Holzrücken habe ich nur noch im „Waldarbeitsmuseum" in Lycksele *(Nordschweden)* gesehen. Alte Dokumentarfilme über diese Tätigkeit ließen mich angsterfüllt hinsehen, ob des großen Risikos. Wenn ein mit Baumstämmen beladener Schlitten bei der Talfahrt vom Weg abkam, gab es für den Schlitten und für den Schlittenführer sehr oft keine Chance mehr.

Vom mittelalterlichen Holztransport bis zur Gegenwart ist eine gewaltige Entwicklung abgelaufen. Was in meiner Schrift über die Geschichte der Forstwirtschaft nur Gedankenanstöße zur Ökonomie sein konnten, wurde in der unten angegebenen Dissertation ausführlich und kreativ untersucht *[zu empfehlen: Dissertation in der Universität Hamburg: Rundholztransportlogistik in Deutschland – eine transaktionskostenorientierte empirische Analyse, Dissertation v. Malte Borcherding, Hamburg März 2007, Internet:* *http://ediss.sub-hamburg.de/volltext/2007/3466.pdf]* .

Nach dem Holztransport kommt das Sägewerk. Die Holzproduktion und die Holzverarbeitung beziehungsweise die Forstwirtschaft und die Sägewerke arbeiteten immer Hand in Hand. Auch heute darf es kein Gegeneinander beider Berufsbranchen geben. **So war es früher**: Im Altertum wurden die Baumstämme zwecks Dachkonstruktionen für Schlösser und Burgen mit einer speziellen Axt mit der Holzfaser formgerecht geschlagen. Das Blatt der Axt war lang gezogen und konnte 30 Zentimeter und mehr von der Spitze bis zur Ferse des Axt-Blattes lang sein. Mit dieser Axt wurde ein Balken mit rechteckigem Querschnitt geschlagen *(vergleiche Wikinger Äxte s. o.)*.

Außerdem konnte man Balken und Bretter mit einer langen Schrotsäge scheibchenweise vom Baumstamm abschneiden. Überliefert sind Technologien, bei denen der unbearbeitete Baumstamm auf einem stabilen Gestell befestigt wurde. Dabei stand ein Zimmermann auf dem Gestell und einer darunter. Das Sägeblatt wurde von oben nach unten gezogen. Zusätzliche Führungsschienen machten die Herstellung eines geraden Brettes möglich.

Die ersten richtigen Sägewerke waren Holzmühlen *(im Gegensatz zur Kornmühle)*, die mit Wasserkraft angetrieben wurden. Viele solcher Mühlen konnten variabel als Korn- und als Holzmühle verwendet werden. Das Schneidewerk wurde damals mit mehreren Schrotsägen, besser Bandsegen-Segmenten, nebeneinander ausgerüstet. Auch konnte das Schneidewerk mit einem Esel oder Ochsen angetrieben werden. In der Zeit der technischen Revolution wurde die Wasserkraft durch eine Dampfmaschine und dann durch einen Dieselmotor oder später durch einen Elektromotor ersetzt. Heute benutzt man automatische Sägewerke mit variablen

Schneidewerken und elektronischer Steuerung. Bei der Besichtigung eines modernen Mini-Sägewerkes hielt ich den Atem an. In Nordschweden *(Stöde bei Sundsvall)* hob ein Sägewerker einen Stamm mit einem dazu ausgerüsteten Gabelstapler über eine schiefe Ebene in die erforderliche Lagerung. Ich sah, wie der Sägewerker einen roten Laserpunkt auf das Ende des Stammes ausrichtete. „Pass auf!", lautete sein Hinweis für mich. Wo aber Stand in dieser kleinen Scheune das Sägewerk? Nichts war zu sehen. Jetzt, da! Auf einer ganz kleinen Schiene rollte das winzige Sägewerk bis zum Ende des Baustammes. Anschließend fielen verschiedene dünne und dicke Bretter, Latten und Schalbretter in den Auffang. Dann zeigte mir der Sägewerker, wie er nach einer kleinen Änderung des Steuerprogramms Bretter mit den verschiedensten Profilen herstellen konnte. Auf einer Landwirtschaftsausstellung in Piteå *(Schweden südlich von Luleå)* konnte ich das Innenleben dieses elektronisch gesteuerten Miniatursägewerkes bewundern. Mir schien, dass dieses Werk von einem Feinmechaniker und Elektroniker geschaffen wurde. Der lange Weg von der Wikingeraxt bis zum hochmodernen Miniatursägewerk demonstriert den heutigen technologischen Fortschritt. In dieser Zeit begann eine Revolution der holzverarbeitenden Industrie. In den Sechzigerjahren des vergangenen Jahrhunderts stieg der Holzbedarf durch die sich entwickelnde „Nachkriegsindustrie" *(Wirtschaftsaufschwung nach dem Zweiten*

Weltkrieg) wieder einmal stark an. Gleichzeitig wurden die Chemieprodukte mit ihren Plastikartikeln zu einem Konkurrenten der Holzindustrie.

Zur Naturharzgewinnung: Schon im Altertum wurden Harze und Teerprodukte für vielerlei Produkte gewonnen und beispielsweise zum Abdichten von Booten und Wasserbehälter verwandt. Vor dem Zweiten Weltkrieg nahm einerseits der Bedarf an Harzprodukten zu *(Ganze Brücken aus Stahl werden heute zusammengeklebt)*, andererseits wurde das Naturharz durch Chemieprodukte ersetzt. In den fünfziger- und sechzigerjahren des vergangenen Jahrhunderts wurden im Land Brandenburg in großen Mengen Kiefernharz gewonnen. Zunehmend fielen ausgewachsene Kiefern mit bodennahen fischgrätenartigen Rillen in der Kiefernrinde auf. Am unteren Ende dieser Rillen war ein unten geschlossener Tontopf angebracht. Hier wurde das Harz aufgefangen. Naturharz wurde dringend gebraucht. Beispielsweise wurde das Harz der Douglasie aus den kleinen Harzblasen in ihrer Rinde mit einer dafür speziell hergerichteten Nadel entnommen. Die Geigenspieler präparierten damit ihren Violinbogen vor dem Spiel.

Über eine Besonderheit möchte ich berichten. Nach dem Ende des „Amerikanisch/Vietnamesischen Krieges" wurde durch ein Forstteam *aus Ostdeutschland (bei Oranienburg)* unter Leitung eines erfahrenen ostdeutschen Dipl. Forstingenieur in Südvietnam die Kautschukgewinnung eingeführt. Bei einem Besuch in Vietnam vermutete ich bei einer Waldbesichtigung zuerst eine ‚Kiefernharzung' *(aus der Ferne betrachtet)*. Aber Laubbäume? Das konnte nicht sein. Dort konnte ich schlanke Kautschukbäume mit einseitigen, spiraligen Rillen in der Rinde und Keramiktöpfen als Auffang bestaunen. Tontöpfe sind chemisch indifferente Gefäße und eignen sich besonders gut für Naturharzgewinnung. Auch der Naturkautschuk ist bis heute nicht ersetzbar.

<u>Nachhaltige Waldwirtschaft</u>

Vom Jahr 1886 bis 1993 dauerte es, bis die komplexe nachhaltige Waldwirtschaft wie folgt definiert wurde. Die *„Ministerial Conference on the Protection of Forests"* in Europa, die *1993 [bei Teuffel, K siehe oben]* in Helsinki abgehalten wurde, hat die multifunktionale, forstwirtschaftliche Nachhaltigkeit wie folgt definiert: **„Nachhaltige *(forstwirtschaftliche)* Bewirtschaftung bedeutet die Betreuung von Waldflächen und ihre Nutzung auf eine Weise und in einem Maße, dass sie ihre biologische Vielfalt, Produktivität, Verjüngungsfähigkeit und Vitalität behalten sowie ihre Fähigkeit, gegenwärtig und in Zukunft wichtige ökologische, wirtschaftliche und soziale Funktionen auf lokaler, nationaler und globaler Ebene erfüllen**

kann und dass anderen Ökosystemen dabei kein Schaden zugefügt wird.“

Versuchen wir, diese Definition mit Leben zu erfüllen. Heute berücksichtigt der **Begriff der Nachhaltigkeit** nicht nur den Holzzuwachs, die Holzartenwahl und die zu erwartende Holzqualität, sondern auch die Rentabilität des Forstbetriebes mit Arbeitsleistungen, Personalbestand und Maschinenpark. Auch Infrastrukturen wie Forstschutz, Wasserhaushalt und Klimaschutz sowie der Erholungswert gehören dazu. Diese sehr anspruchsvolle Zielstellung der Forstwirtschaft setzt ausreichend hoch qualifizierte und erfahrene Fachkräfte voraus. **Heute lassen sich ‚gute Waldarbeiter nicht mehr mit Gold aufwiegen‘.**

Die Erhaltung des Waldes muss erarbeitet werden. Rentabilität wird gefordert. Beispielsweise wird immer wieder vergessen, dass sich die Forstbetriebe nicht darauf beschränken dürfen, hochwertige Baumstämme als „nackten“, meist auch billigen Rohstoff zu verkaufen. Vielmehr muss die Forstwirtschaft durch die Veredelung oder Teilveredelung des anfallenden Holzes rentabel gestaltet werden. Bis edeles Holz heran wächst, muss sehr viel in die Forstwirtschaft investiert werden. Das Geld dazu muss jedoch schon vor der Holzernte *(dem Fällen der Bäume)* erwirtschaftet werden.

Die hoch entwickelte holzverarbeitende Industrie und die regionalen Holzverarbeitungsbetriebe gehören untrennbar zusammen. Die dicken und hohen geraden Baumstämme mit kreisrundem Umfang und nur wenigen Ästen lassen sich gut und meist auch preisgünstig verkaufen. Das viele ‚Kleinholz‘ im Wald kann beispielsweise zu Zäune, Gartenlauben und dem Bedarf des Alltages verarbeitete oder in Form von Pellets für die Heizung mindestens ebenso viel Gewinn einbringen, wie das hochgeschätzte Altholz. In den Fünfzigerjahren des vergangenen Jahrhunderts hatte man damit sehr gute Erfahrungen gemacht. Um die erforderliche Technologie zu erarbeiten, bedarf es lediglich etwas Erfindungsgeist. Wir leben in der Marktwirtschaft. Davon ist die Forstwirtschaft nicht ausgeschlossen. **Die Forstwirtschaft muss sich zwingend gegenüber ihren Konkurrenten durchsetzen.** Gegebenenfalls muss ihre Logistik auch auf eine gesetzliche Grundlage gestellt werden.

Die Abholzung des tropischen Regenwaldes ist in erster Linie ein ökonomisches Problem. In vielen Regionen der Welt macht die Bevölkerung nur deshalb beim Vernichten des Regenwaldes mit, weil es für viele Menschen der einzige Weg ist, um den Unterhalt für ihre Familie zu erarbeiten. Sie überleben durch den Verkauf des tropischen Regenwaldes. Was dann kommt, bleibt meist offen. Wenn wir den tropischen Regenwald mit all seinem Nutzen für die ganze Welt langfristig schützen wollen, dann müssen wir billigeres und wertvolleres Holz in der Forstwirtschaft produzieren. Ich glaube, dass dieser Weg zum Erfolg führen kann, wenn wir das Holz aus unseren Forstrevieren veredeln und zusammen mit der holzverarbeitenden Industrie als hölzerne Gebrausgegenstände verkaufen. Die in unseren Baumärkten angebotenen Gartenmöbel aus Tropenholz können wir mit unserem Holzaufgebot ersetzen, um nur ein Beispiel zu nennen. Eine Alternative zum Tropenholz kann die einheimische Robinie, für manche Zwecke auch die Eiche oder Esche sein. An dieser Auseinandersetzung erkennt man, dass der Naturschutz nicht ohne eine ökonomische Waldwirtschaft möglich ist. Ich wiederhole: Der Naturschutz muss erarbeitet werden.

Erinnern wir uns an die **Pioniere der Forstwirtschaft**, die im 18. bis 19. Jahrhundert manchmal den letzten Baum gefällt haben, nur um den Lohn für die Kultivierung von Ödland auszahlen zu können. **Ohne Holzverkauf kein Geld und ohne Geld keine Nachhaltigkeit.** Das trifft ebenfalls auf den Naturschutz zu!

Den Pionieren der Forstwirtschaft gelang es, durch schnelles Aufforsten der Kahlschläge und des Ödlandes langfristig größere Holzerträge zu erwirtschaften. Zu den vielen hervorragenden

Leistungen gehörte beispielsweise die Bewaldung des Fichtelberges *(Mittelgebirge 1215 m)* in Sachsen. Mit solchen Maßnahmen vergrößerte sich die gesamte bewachsene Waldfläche. Heute wissen wir, dass damit gleichzeitig eine Verbesserung des regionalen Klimas und vieler anderer Faktoren erreicht wurde.

Nach alten mündlichen Überlieferungen wurde der Förster im Staatswald meist auf Lebenszeit eingestellt. Seine Aufgabe, die Holzernte, die Aufforstung und meist auch die Jagd konnte er nach den damaligen Richtlinien selbstständig und so gut wie von anderen unbeeinflusst entscheiden. Jedenfalls meist. Die Bevölkerung sah in ihm die Polizei des Waldes. Die Kontinuität des Fachpersonals und das gleichbleibende waldbauliche Konzept waren die Voraussetzungen für den Erfolg der damaligen Forstwirtschaft. Heute wird mit dem Prozessschutzwaldbaukonzept das inhaltliche Vorgehen modernisiert. Ein personelles Konzept mit Kontinuität und hohem Wissensstand muss auch heute erhalten bleiben. Der Wald benötigt mindestens ein Menschenalter, um Gewinn zu bringen. Er braucht auch eine mindestens ebenso lange Waldbaukonzeption.

Ich schrieb schon über die gegensätzliche Entwicklung, bei der durch die Aufforstung von Ödland die Waldfläche vergrößert und gleichzeitig durch die industrielle Revolution die gesamte

Waldfläche wieder vermindert wurde. Neue Städte entstanden, andere breiteten sich aus. Mitteleuropa veränderte sich grundlegend. Man spricht von der Urbanisierung *(urbs* = Stadt*, Verstädterung)*, die mit einer Ausbreitung der städtischen Lebensweise und einer Zurückdrängung des ursprünglichen Waldes einherging. Heute spitzt sich diese . Situation auf der ganzen Welt durch groß angelegte Kahlschläge beispielsweise im tropischen Regenwald und in Sibirien zu.

Mehr Holz! Wie kann man den Holzertrag steigern und zugleich den Wald schützen? **Waldbau, Forstnutzung und Forstschutz gehörten immer untrennbar zusammen.** Natürlich müssen Holzverluste beispielsweise durch Schadinsekten, Windbruch und Windwurf und durch andere Schadfaktoren vermindert werden. Das ist auch bis zum gewissen Grade möglich [*mehr in der Fachliteratur: Röhrig E u. a., Waldbau auf ökologischer Grundlage, E. Ulmer KG, 2006].*

Ganze Wälder sind in der Vergangenheit durch Schadinsekten vernichtet worden. Ich denke jetzt an die verheerenden Borkenkäfer-Kalamitäten *(calamitas, lat., Schaden, Unheil)* nach dem Zweiten Weltkrieg zum Beispiel im Thüringer Wald. Ein Sturm verursachte einen gewaltigen Windbruch, der nicht sofort aufgearbeitet werden konnte und eine Borkenkäferepidemie auslöste. Die Chemieindustrie bot später auch bei anderen Kalamitäten ihre

Produkte für die Schädlingsbekämpfung an. Das Motto lautete: **Insektizide auf Gedeih oder Verderb!**

Die Anfänge der chemischen Schädlingsbekämpfung habe ich in den Fünfzigerjahren des vergangenen Jahrhunderts selbst erlebt, als eine gefährliche Plage durch Schadinsekten mit einer großen Menge von Insektiziden bekämpft wurde. *(E605, Phosphorsäureester, Parathion, Entwickler G. Schrader 1944 gegen Insekten und Warmblüter – Pyrethrine & Piperonylbutoxid – Insektizide sind oft mit den chemischen Kampfstoffen verwandt. Nervengifte. Das allein spricht für ihre Gefahr.)* Die ‚begifteten' Flächen rochen nach Mottenpuder. In der Nase kribbelte es. Viele nützliche Raubinsekten lagen tot auf dem Boden. Das Gleichgewicht zwischen nützlichen *(Raubinsekten)* und schädlichen Insekten war stark gestört. Heute versucht man, den Unterschied zwischen nützlichen und schädlichen Insekten zu verdrängen. Das sei eine menschliche Interpretation dieser beiden Kategorien. Ja oder nein, möglich. Es geht nicht um „gute und böse Insekten". Es geht um ein sehr wichtiges biologisches Gleichgewicht, das nicht nur die Interessen des Menschen, sondern auch die gesamte Biosphäre unseres Erdballs einbezieht. Den Begriff „gute und böse Insekten" muss man ernster nehmen und genauer definieren. Später stellte sich heraus, dass zahlreiche Singvögel durch Insektizide kaum noch Jungvögel großziehen konnten. Die Entwicklung der Vogeleier war gestört. Aus China wurde berichtet, dass durch großflächige Insektizidgabe die Bienen fehlten und große Kirschbaumplantagen mit dem Pinsel bestäubt werden mussten. *(Bei Kälte oder fehlenden Bienen ist der Kirschenertrag sehr viel geringer. Information in TV 2013.)*

Die heutige Vielfalt der Blütenpflanzen ging mit der Entwicklung und Verbreitung der Honigbiene einher. Als in letzter Zeit immer mehr Bienenstöcke durch Milben zu grunde gingen, fürchtete man ein Absterben aller Bienen und als Folge die fehlende Fortpflanzung vieler Blütenpflanzen. Das wäre eine Katastrophe für den Menschen, denn ohne Bienen keine Bestäubung der vielen Blütenpflanzen. Ich bin dennoch optimistisch. Es gibt Imker *(Bienenzüchter)*, die dabei sind, gegen diese Milbe resistente Bienenarten zu züchten. Das kann ein Ausweg sein.

Noch etwas, damals *(1955)* wurden verschiedene Gifte versuchsweise vor dem Fällen ausgewachsener Bäume in deren Stamm gespritzt. Das Ziel war, den Einfluss dieser Chemikalien auf den Gebrauchswert des Holzes zu prüfen *(zum Beispiel Schutz gegen Pilze)*. An den Bäumen war ein Schild mit einem Totenkopf angebracht, und das nach dem Kriege! Kein Kommentar! Entsetzen kam auf. Lehrlinge und Forstwirte waren sehr skeptisch. Darüber hinaus können heute alle Schadstoffe eine globale Wirkung entwickeln. Bemerkenswert ist, dass die in Mitteleuropa verwendeten Insektizide weitab im „Nordpolarmeer" nachweisbar waren.

Wenn heute immer wieder propagiert wird, dass Insektizide, Düngemittel, Tierversuche und vieles andere konsequent abzulehnen sind, dann ist das nicht korrekt. Beispielsweise sind die Herstellung, der Vertrieb und die Anwendung von DDT in der Bundesrepublik Deutschland, wegen seiner Nebenwirkungen seit dem 1. Juli 1977 verboten. Heute gibt es eine weltweit akzeptierte Ausnahme, wenn es um die Bekämpfung der Malaria mit DDT geht. Die Anopheles-Mücke ist der Überträger der Malaria. Beispielsweise ist in Afrika die Malaria nach wie vor eine gefährliche Volkskrankheit. Alternative Insektizide zur Bekämpfung der Anophelesmücke verfügen derzeit nicht über den gleichen therapeutischen Effekt wie DDT. DDT ist ein hoch- und länger wirksames Insektizid und in Afrika ein Lebenretter. Im „Bild der Wissenschaften" wird geschrieben: „Malaria: DDT-Verbot für den Tod von Menschen verantwortlich" *(Quelle: Internet, Strichwort DDT).* Erforderlich ist die Entwicklung eines genauso wirksamen Insektizids wie DDT mit geringerer Toxizität, weniger Nebenwirkungen und besserer Steuerbarkeit *(Steuerbarkeit: Der Zielstellung entsprechend ausreichend schnelle Abnahme der Giftwirkung nach einer e-Funktion, von praktischer Bedeutung sind Zeitangaben über die Verminderung der Giftwirkung um 50 % und um 90 %).* Hinzu wird eine hohe therapeutische Spezifität *(Wirkung aus-*

schließlich auf ein Insekt oder eine kleine Gruppe von Insekten beschränkt) gefordert, wie sie für die Bekämpfung der Forleule bekannt ist. Das
könnte der Anfang für neue Entwicklungen sein.

Schon seit dem Mittelalter ist bekannt, dass manche Gifte
in hoher Dosierung tödlich sein können und in geringer Dosierung
heilend wirken. Wir sollten es den verantwortungsvollen Pharma-
kologen nachmachen und ein Insektizid entwickeln, das über einen
therapeutischen, grenzwertigen und gefährlichen Dosisbereich mit
ausreichender Spezifität zum Erreger *(hier die Anophelesmücke)* besitzt.
Diese Untersuchungen schließen die Wirkung auf das ganze Ökosystem, zu dem auch der Mensch gehört, mit ein. Jede Münze hat
zwei Seiten, jeder Wirkstoff hat eine gute und eine schlechte Wirkung.

**Wenn der Mensch die Natur mit Schadstoffen global be-
lastet hat, dann muss er im Gegenzug unsere Lebensgrundlage,
also die Natur, reinhalten und schützen.**

Ein positives Beispiel: Es war wohl in den Achtzigerjahren
des vergangenen Jahrhunderts, als sich die Kiefernforleule *(schädli-
cher Tagfalter)* aus Polen nach Mecklenburg-Vorpommern und Brandenburg ausbreitete und damit große Waldgebiete gefährdete.
Wieder musste man zu den Insektiziden greifen. Dieses Mal aber
gab es weiter entwickelte Insektizide, die ausschließlich die Forleu-

le in ihrer Wachstumsphase vernichteten. So konnte die Gefahr durch ein flächendeckendes Versprühen von Insektiziden gebannt werden. Diese Insektizide sollen für Menschen und Tiere unschädlich sein. Das sagt man. Die ersten Prüfungen sollen auch diese Annahme bestätigt haben. Ich mahne dennoch an, weil Insektizide genauso wie Medikamente entweder unwirksam sind oder Nebenwirkung haben. Letztere werden oft erst nach längerem Gebrauch erkannt. **Dennoch müssen wir die Vernichtung der Natur durch eine Insektenkalamität verhindern und, wenn keine andere Möglichkeit zur Verfügung steht, auch mit Insektiziden.**

Nicht nur die Art der Insektizide, sondern auch die Menge des verstreuten Giftes entscheidet über nützlich oder schädlich. Ich schrieb schon: **Die Dosis macht das Gift.** In der Vergangenheit waren es vor allem die Kleingärtner, die unkontrolliert zu viel Insektizide auf eine viel zu kleine Gartenfläche versprühten und dadurch die über das Grundwasser verbreiteten Insektizide zu einer Gefahr werden ließen.

Die Kleingärtner waren es aber auch, die sich an die althergebrachten Pflanzenschutzmittel unserer Großmütter erinnerten. In vielen Büchern ist zu lesen, welche Kräuteraufgüsse zur Beseitigung von Schadinsekten geeignet sind. Ich denke jetzt an die Brennnessel, Lavendel, Eukalyptus oder die Zitrusfrüchte sowie Margosaextrakt und Kokosöl *(Oktan- & Dekansäure)*.

Zum Margosaextrakt möchte ich etwas berichten. Aus dem Niemöl *(Niembaum, Tropenbaum, Indien)* werden über 100 Wirkstoffen verschiedenster Art gewonnen. Für den Forstwirt und Gärtner ist das Insektizid „Azadirachtin" von Interesse. Es verhindert, dass sich Schadinsekten vermehren und gleichzeitig Kulturpflanzen fressen. Es wirkt gegen verschiedene Krankheitserreger wie Parasiten, Nematoden, Viren *(Nimbin)* und andere Schädlinge *[Heinrich Schmutterer, Jürg Huber: Natürliche Schädlingsbekämpfungsmittel, Ulmer Verlag, 2005, ISBN: 3-8001-4754-8, im Internet unter Margosa & Wikipedia].* Das ist ein Beispiel von vielen, welches zeigt, dass die Natur uns viele Mittel zur Verfügung stellt, den Wald aber auch uns selbst gesund zu erhalten.

Heute finden wir in manchen im Handel erhältlichen Insektiziden eine genau definierte Menge pflanzlicher Wirkstoffe *(nach pharmazeutischen Maßstäben produziern und prüfen, den Wirkstoffgehalt der dazugehörigen Pflanzen nach dem Internet ermitteln, Wirkungs- und Ursprungsart der Insektizide mit Hilfe des Internets ermitteln).* Auch hier gilt der Grundsatz: Jedes Insektizid ist entweder wirkungslos oder es hat Nebenwirkungen. Eine andere Alternative gibt es nicht. Noch etwas: Auch Neutralseifen, meist als Spülmittel für das Geschirr verwandt, können in kleinsten Dosen (!) Insekten wie beispielsweise

Blattläuse töten. Voraussetzung für ihre Anwendung ist, dass diese ‚Spülmittel biologisch abbaubar' sind. Das ist meist nicht der Fall. Anderenfalls sieht man in sprudelnden Bächen dicke Schaumbildungen. Ich wiederhole: Insektizide darf man nur dann anwenden, wenn eine große Gefahr für die Natur ohne Insektizide nicht abwendbar ist. Ich betone noch einmal, dass der Naturschutz sich niemals auf ein reines Verbieten irgendwelcher chemischen Substanzen beschränken darf. **Wird eine erforderliche chemische Substanz wegen seiner Nebenwirkungen nicht mehr in der Praxis angewandt, dann muss man neue, bessere Mittel entwickeln. Das so etwa möglich ist, hat das Beispiel der Forleule** *(Kiefernschädling)* **bewiesen**. Wir leben nicht mehr im Mittelalter, sondern auf einem überbevölkerten Erdball, auf dem die Menschen nur mit vom Menschen geschaffenen Lebemittel und künstlichen Produkten der Hygiene überleben können.

Holzbedarf und Bodenbeschaffenheit: Natürlich kann man den Holzertrag durch eine Verbesserung der Bodenqualität steigern. In einer „Kiefern-Monokultur" sollte als Erstes ein Mischwald mittels Unterholz angestrebt werden, der die besten Voraussetzungen für eine natürliche Regeneration des Bodens bietet. Sobald mehrere Baumgenerationen der gleichen Holzart auf derselben Waldfläche wachsen, nimmt der Holzertrag langfristig ab. Der Boden wird ausgelaugt und die **Biosphäre** *(Gesamtheit, aller mit Lebewesen besiedelten Erdschichten, Internet)* negativ beeinflusst. Auch in einer Obstplantage werden auf der gleichen Fläche nie zweimal hintereinander Pflaumenbäume gepflanzt. Jeder Gärtner weiß das. Seit Menschengedenken pflanzt der Bauer jedes Jahr eine andere Frucht auf seinen Acker. **Ein Frucht- beziehungsweise Holzartenwechsel verbessert den Ertrag.**

Was in der Landwirtschaft selbstverständlich ist, kann in der Forstwirtschaft auf Schwierigkeiten stoßen. Dem jährlichen Fruchtwechsel in der Landwirtschaft steht ein Baumartenwechsel frühestens nach einem Menschenalter gegenüber. Viele Umstände erschweren den Holzartenwechsel. Auf einem Feuchtbiotop wachsen die Erlen und Weiden am besten. Die Kiefern gehen zugrunde, sobald ihre Pfahlwurzel ins Grundwasser eintaucht. Die Birke braucht einen kühlen Winter und wächst dann bis zum Polarkreis mit einem kräftigen Baumstamm und gutem Holz. Nördlich davon, also in polaren Klimazonen scheitert ein regelmäßiger Baumartenwechsel, weil in der Tundra nur wenige Holzarten und dann auch nur kleinwüchsig wachsen können *(kleine Kiefern, buschartige Birken mit kurzen, dicken Stämmchen, maximal kniehohe Weiden, Heidekrautgewächse/Kräuter, Moose und Flechten)*. **Nachhaltig heißt deswegen auch klug und vorausschauend handeln.**

Eine Bodenverbesserung durch Düngung schafft schnell einen Konflikt: „Was aus dem Boden herauskommt, muss nach der Ernte wieder eingebracht werden", das sagte einst mein Lehrmeister. Das Zusammenwirken von Ackerbau und Viehzucht ermöglichte einen Kreislauf, der mit der Saat begann und mit der Düngung durch Stallmist endete. **Die Abfallprodukte der Viehwirtschaft wurden zum Glück für den Ackerbauer.** Heute steht die industrielle Landwirtschaft sehr oft einem natürlichen Kreislauf zur Regeneration des Bodens im Wege, obwohl auch hier das gleiche Prinzip wirksam ist. Warum ein Widerspruch? **Bei neuen Wirtschaftsformen müssen auch Bedingungen für neue ökologische Kreisläufe in der Natur geschaffen werden.** Die Kontinuität der Arbeit ist Voraussetzung dazu. Das bezeichne ich als Wiedergutmachung an der Natur.

Jetzt erinnere ich an die altbekannte **Gründüngung** zum Beispiel mit Klee, Lupine und anderen Pflanzen wie der Robinie. Die Knöllchenbakterien an den Wurzeln dieser Pflanzen vermehren den Stickstoffgehalt des Bodens. In Brandenburg werden in Stadtnähe gerne Robinien an den Rand eines jungen Bestandes gepflanzt. Das bedeutet einen stachligen Schutz einer jungen Baumanpflanzung, eine natürliche Stickstoffdüngung und ein gutes fäulnisarmes Hartholz. Selbst kleinere militärische Übungen machten um junge Robinien-Anpflanzungen einen Bogen *(eigene Beobachtung in Potsdam).*

Ich wiederhole: In einem Wirtschaftswald mit großem Holzertrag kann es irgendwann zu einer Verschlechterung der Bodenqualität kommen. Der Boden wird ausgelaugt und damit mineralstoffärmer. Auch das sagte ich schon. Ein geschwächter Baumbestand fördert die Vermehrung von Schadinsekten. Im vergangenen Jahrhundert suchte man dort, wo die natürliche Regeneration des Bodens versagte, nach einem Ausweg, der Kunstdünger hieß. Notbehelf oder Problemlösung? **Eine richtige Düngung, die nur die fehlenden Mineralien und Stickstoffverbindungen ersetzt, kann große Wunder bewirken. Richtig!** In einem Gewächshaus kann das gut möglich sein. Aber, ist das im Wald überhaupt möglich? Der Gartenbau demonstrierte uns, dass mit einer falschen Düngung, mit der irgendein Dünger in irgendeiner Menge, auf jeden beliebigen Boden gestreut wurde, die Fruchtbarkeit des Bodens auf Jahre hinaus zerstört werden kann. Meist wird gleichzeitig das Grundwasser durch den Dünger stark belastet. Hier führt ein erhöhter Stickstoffgehalt des Bodens über das Grundwasser zu einer Vermehrung der Algen in den Seen und so zur Störung der „Biosphäre Wasser". Meist sind komplexe Schadfaktoren wirksam. Immer wieder sind es Mitteilungen über „Algenplagen" in verschiedenen Meeresabschnitten, die Besorgnis auslösen.

An dieser Stelle erinnere ich an die **Kalkdüngung**. Für säureempfindliche Pflanzen mag die Kalkdüngung auf saurem Boden angemessen sein. Mein Lehrmeister gab immer zu bedenken: „Im ersten Jahr nach einer Kalkdüngung gedeiht der Acker. Jedenfalls kann das vorkommen. In den folgenden Jahren verkümmern besonders die kalkempfindlichen Pflanzen. Wenn im Wald Kalk erforderlich ist, dann sollte der schwer lösliche Kalkstein *(Kalziumkarbonat)* mit seiner Depotwirkung in geringen Mengen angewandt werden. Wie auch immer, so wie Kalk, dürfen viele Düngemittel nur sehr gezielt und zurückhaltend gegeben werden.

Grundsatz der Düngung: **Was fehlt, darf man zusetzen. Jedes Zuviel kann Schaden anrichten.** Eine alte Erfahrung besagt, dass man den tatsächlichen Mangel eines Minerals im Boden nie mit einer einzelnen Düngung vollständig ausgleichen sollte. Wenn man die nach Bodenproben geschätzte Menge des erforderlichen Düngers auf mehrere Jahre verteilt und das Wachstum der Pflanzen in dieser Zeit beobachtet, kann man verhältnismäßig wenig Fehler machen. In der zweiten Hälfte des vergangenen Jahrhunderts musste beim Düngen viel Lehrgeld gezahlt werden. **In der Forstwirtschaft bleibt die Düngung immer eine extreme Ausnahme** *(Kamp, Pflanzgärten, Rekultivieren von Tagebauen)*.

Nicht vergessen möchte ich die neuartigen Mineralstoffdünger. Unsere Großeltern haben viele Erkrankungen mit der sogenannten Heilerde behandelt. Dazu wurde ein spezieller Tuffstein fein gemahlen. Zur Anwendung als Dünger wurde das Gesteinsmehl mit organischem Dünger versetzt. Wie ist man auf die Anwendung als Dünger gekommen. Primär wurde die Forschung auf medizinische Fragestellungen ausgerichtet. Dann aber passierte Folgendes. Ein Forscher hatte Reste des zu untersuchenden Gesteinsmehl in seinem Garten verschüttet oder „entsorgt". Im Gegensatz zu seinem nicht gedüngten Garten blühte und wucherten die Pflanzen stark dort, wo er ein Jahr früher die Mineralerde verschüttet hatte. Der Zufall ist der beste Erfinder.

Zum forstlichen Pflanzgarten muss ich noch eine Bemerkung machen. Zieht man die jungen Pflanzen beispielsweise einjährige Kiefern auf sehr gutem Boden groß und pflanzt sie dann auf sehr magerem Sandboden aus, so kümmern die meisten Jungpflanzen, zumindest anfangs. Der Verlust auf einer Kiefernkultur kann dadurch groß sein. Richtig ist, wenn die jungen Pflanzen im forstlichen Pflanzgarten gut gedeihen können, aber nicht auf extrem guten Boden aufwachsen. Das ist wie bei den Menschen. Die im Überfluss aufgewachsenen Menschen versagen in Notzeiten zuerst.

Zurück zum Wald: Eine flächendeckende Düngung des Waldbodens über viele Hektar mit demselben Dünger ist im Wald auch dann kaum möglich, wenn das Geld dazu vorhanden wäre. Jeder Forstwirt weiß, dass es im Wald vor allem bei unterschiedlichem Bodenprofil oft einen ständigen Wechsel der Bodenqualität gibt. Was nun? In einem ungestörten Urwald, der nicht genutzt wird, in dessen Umgebung keine Industrie Schadstoffe abgibt *(heute nicht mehr real)*, regeneriert sich der Waldboden doch auch, jedoch oft zu langsam und für eine leistungsorientierte Forstwirtschaft manchmal ungenügend.

> *Bemerkung: Es geht um **eine viele Jahrhunderte andauernde Entwicklung der Waldwirtschaft und um einen Weg zum zukunftsorientierten Verständnis in der Forstwirtschaft.** Das schrieb ich schon. Wenn ich in meinen Ausführungen auf einen Mix aus nüchternen Fakten und wahren Erlebnissen zurückgreife, dann möchte ich den jungen Leser ansprechen und dazu beitragen, dass er sein Wissen mit seinem Spürsinn verbindet. Nur deshalb zitiere ich Gespräche zwischen dem Lehrmeister und den Forstlehrlingen.*

Im folgenden Abschnitt stelle ich die Frage, ob es eine dringend notwendige Düngung in der Forstwirtschaft überhaupt gibt? Entscheiden Sie selbst.

Ausnahmen bestätigen die Regel *(von mir frei nacherzählt)*. Ich erinnere mich, dass wir einst heftig über die Düngung diskutierten.

Dann aber brachte mich die folgende Frage in Schwierigkeiten: „Kann man den Wald düngen?" Hallo! Was für eine Frage? Jetzt kam ich ins Stottern. Was sollte ich Bedeutendes antworten? Mir stand der Schweiß auf der Stirn. Herzklopfen. Halt! Zum Glück fiel mir etwas sicher Einmaliges ein. **Ein positives Beispiel:** Das war noch vor dem Jahre 1989 am Südhang des Thüringer Waldes. Die Autos auf den Straßen südwestlich des Thüringer Waldes ließen ihre Abgase entsprechend der häufigsten Windrichtung aus Südwest kontinuierlich auf den Wald einwirken. Die damals noch weitverbreiteten, hoch komprimierten Ottomotoren ohne Katalysator gaben mit ihren Abgasen Stoffe ab, die das Magnesium im Waldboden chemisch gebunden haben und damit den Aufbau des Blattgrüns *(Chlorophyll)* in den Fichtennadeln verhinderten. Zweifel und zugleich Zuversicht. Wieder hatte jeder eine andere Antwort. Da erwiderte mir ein schmunzelnder Schelm: „Die Autos verbieten?" Ruhe in der Runde. Der Vorschlag war nicht so gemeint. Nur eine Illusion. Es folgte herzhaftes Lachen. Die richtige Antwort gab eine Pilotstudie in Form einer flächendeckenden Düngung dieser Waldregion mit flüssigem Magnesiumdünger aus der Luft. Das Besondere an diesem Vorgehen war, dass diese Düngung mit Magnesium zu einem Erfolg wurde. Warum? Weil auf einer großen Fläche überall die gleiche Ursache des Waldsterbens wirksam war, weil man diese Ursache kannte und weil man durch eine Düngung aus der Luft diesen Magnesiummangel nach vorher erfolgten Bodenproben beheben konnte, nur deshalb war eine flächendeckende Düngung erfolgreich. Der „Kat" der späteren Autogenerationen hat für dieses Problem die viel bessere Lösung gebracht *(Kat: Ein Fahrzeugkatalysator mit Lambda-Sonde im nachgeschalteten Abgassystem reduziert nachhaltig die Schadstoffemission).*

Eine **vereinfachte Beurteilung der Bodenfruchtbarkeit:** Die folgende Klassifikation der Fruchtbarkeit von Böden nach der Korngröße der Siliziumpartikel zeigt, dass die Fruchtbarkeit des Bodens mit abfallender Korngröße zunimmt. Man könnte von einer Basisfruchtbarkeit eines Bodens sprechen *[n. Hecht, siehe unten].* Die „effektive Fruchtbarkeit" des Bodens hängt natürlich von vielen anderen Faktoren ab: vom Wasserhaushalt, vom Humusgehalt und vom Säurewert, von den im Boden fehlenden Mineralien und vom Klima, um nur einiges zu nennen. Leider kann ich Ihnen keine neue statistische gesicherte Untersuchung vorlegen, die diese Abhängigkeit der Fruchtbarkeit von der Korngröße im Boden belegen könnte. Trotzdem gibt es wichtige Hinweise. Bei der Rekultivierung von Braunkohlentagebauen in der Lausitz konnten folgende Einzelbeobachtungen gemacht werden *[nach Aussagen von Forstwirten]:* Auf sterilem, groben bis mittelgroben Kies wuchsen so gut wie keine frisch gepflanzten Kiefern an. Selbst mit Ballenpflanzung und Einbringung von Humus war das Ergebnis der Bepflanzung mangelhaft. Dann gab es Zonen, in denen die Pionierholzarten recht gut anwuchsen. Hier war ein Gemisch aus Sand, Lehm und Ton vorhanden, das der Abraumbagger meist gut durchmischt hatte. Lehm und Ton brachten die besten Ergebnisse. War der Ton dagegen auf einer Abraumhalde durch Regen verfestigt, wuchs ebenfalls nichts. Das würde für das Ergebnis der nachfolgenden Tabelle sprechen und hinweisen, dass noch andere Faktoren Einfluss auf die effektive Fruchtbarkeit des Bodens nehmen.

Eine alte Erfahrung: Unser Förster nahm hin und wieder eine Handvoll Erde, schätzte die Korngröße und den Humusanteil, die Feuchtigkeit und den Geruch des Bodens ein, um die Bodenqualität zu ermitteln. Das Wachstum der natürlichen Vegetation in der Umgebung der Bodenprobe gab ihm zusätzliche Hinweise zur Fruchtbarkeit des Bodens. Seine Erfahrungen brachten den Förster fast immer ans richtige Ziel.

<u>**Klassifikation der Fruchtbarkeit von Böden nach der SiO$_2$-Korngröße**</u>

<u>Bezeichnung</u>	<u>Korngröße des SiO$_2$ im Boden in mm</u>	<u>Bodennutzung in Mitteleuropa</u>
Schutt, Geröll	>22	Ödland
Grus, Feinkies	22 - 2	Weideland
Sand, Quarzkörner	2 – 0,063	Nadelwald, Roggen, Kartoffeln
Schluff, Lehm, Ton	0,063 – 0,002	Laubwald, Wiesen Weizen
Reiner Ton	<0,002	Buchenwald, Zuckerrüben, Wiesen

Zum Verständnis einige Bemerkungen: Erst Ende des 18. Jahrhunderts wurde erstmals SiO$_2$ in den lebenden Organismen beschrieben. Alexander von Humboldt *(1790)* gehörte zu den ersten Pionieren der Siliziumforschung. Nach Hecht *[siehe unten]* gehört das Silizium nach dem Sauerstoff zum zweithäufigsten Element unseres Planeten. Die Erdkruste besteht zu 75 % aus Silikat und zu 12 % aus Kieselsäure. Insgesamt sind 800 verschiedene

Siliziumverbindungen nachgewiesen worden. Da gibt es den chemisch inaktiven Quarz und den elektrisch hochaktiven Halbleiter. Durch die Kristallstruktur des Quarzes und durch Beimengungen anderer Mineralien sowie den Druck und die Temperatur im Erdinneren können die begehrten Edelsteine entstehen. Wird der wenig aktive und nicht sicher krankmachende Quarz auf einer Baustelle sehr fein zermahlen, kann es durch Einatmen dieses Staubes zur Lungenkrankheit ‚Silikose' kommen. Mehr noch: Die Beteiligung siliziumhaltiger Tonerden soll nach Aussagen zahlreicher Autoren am Entstehen des Lebens beteiligt sein *[Für den Interessierten empfehle ich das Buch von K. Hecht u. a.: „Naturminerale Regulation und Gesundheit", Schibri-Verlag Berlin – Milow, 2005, Seite188 ff.]*.

Eine Begebenheit wird das Interesse an siliziumhaltiger Mineralerde verstärken. Beim schweren russischen Kernreaktorunglück in Tschernobyl kamen die Japaner mit Transporten von dieser Mineralerde den sowjetischen Arbeitern zu Hilfe. Wer sofort nach einer Kontamination durch strahlendes Gut mit dieser Mineralerde behandelt wurde, hatte die besten Überlebenschancen. Warum? Dieses biologisch aktive Mineralpulver bildet Siliziumkristallummantelungen, in deren Mitte ein freier Raum zum Auffangen und Binden radioaktiver Stoffe ist. Die Bindung von Radium und anderen radioaktiven Substanzen erfolgt nach dem

Prinzip der Ionenaustauscher. Hier wird ein Ion mit einer leichteren Ionenbindung durch ein anderes mit einer stärkeren ersetzt *(Ion: Atome oder Moleküle, die durch Abgabe oder Aufnahme eines Elektrons eine elektrische Ladung erhalten hat)*. Grundlagenforschung ist das eine, die Praxis das andere [K. Hecht: „Naturminerale Regulation und Gesundheit" Schibri-Verlag, Berlin - Milow].

Eine Bemerkung zur Schnelllebigkeit der Wissenschaften heute: Vor kurzem *[TV N24]* wurde berichtet, dass mit neuer Messtechnik im Weltraum Zuckermoleküle nachgewiesen wurden. Diese Mitteilung will ich nicht überbewerten. Aber in meiner Ausbildungszeit wurde das Leben auch außerhalb der Erde energisch verneint. Von dieser schnellen Entwicklung ist die Forstwirtschaft nicht ausgeschlossen.

Zurück zum Dünger: **In der Land- und Forstwirtschaft sollten wir uns nicht gegen den Dünger, sondern gegen die unerfahrenen Menschen wenden.**

Ich erinnere mich an das Jahr 1954. Nach dem Zweiten Weltkrieg haben Forstwirte, Forstingenieure und Wissenschaftler alles getan, um die Entwicklung in unserem Land voranzutreiben. Für mich war diese Zeit mit einem Glücksgefühl verbunden. Der Krieg war beendet. Es ging voran. Was gab es mehr? Erstmals träumten viele Menschen in unserem Lande von einer glücklichen

Zukunft. Überall, auch in der Forstwirtschaft wurde versucht, die Entwicklung voranzutreiben. Wir orientierten uns an den Erfolgen, nicht an dem noch vorhandenen Mangel. Natürlich war nicht alles möglich. Beispielsweise hat unser Lehrmeister zusammen mit einem Feinmechaniker eine ausgemusterte Motorkettensäge wenigstens vorübergehend für uns instandgesetzt. Überall wurden kleine Wunder vollbracht.

Einige Beispiele zum Waldbau: Soweit es die Nachkriegszeit ermöglichte, versuchte man die Kahlschläge und Lücken im Bestand, oft Folgen von Granaten und Bomben, zu bepflanzen und Monokulturen durch Unterholz aufzuwerten. In der Nachkriegszeit musste man sich, auf das Allernötigste beschränken. Vielerorts wurde nach dem ersten Auslichten des Bestandes die Naturverjüngung durch Saat oder Pflanzung vorbereitet und weiter entwickelt. Auf Kahlschlägen ließ man Bäume wie Eichen und Buchen oder Fichten und Kiefern stehen. Sie fungierten als Saatbäume. Ein Auflockern des Bodens hat das Keimen der Saat begünstigt. Unser Förster ließ beispielsweise eine Egge von einem Pferd durch das Altholz ziehen. Das tat auch der Krautzone gut. Ein anderes Beispiel: Ein alter Förster, selbst im Rentenalter, hat 1954 bei jedem Waldspaziergang mit einem Spaten die oberflächigen Wurzeln um die Robinien herum durchstochen. Im Frühjahr wuchsen dadurch „Stockausschläge" um die Robinien. Das kostete kein Geld!

In Potsdam findet man heute noch die damals in Kiefern-Monokulturen horstweise gepflanzte Laubhölzer. Wenn im Gegensatz zum Kahlschlag das Altholz schrittweise geerntet wird, kann die Naturverjüngung langsam nachwachsen. Ein Trauf am Rande des Bestandes und ein Schutzschirm mit Altholz auch mit Überhälter können die nachwachsenden Jungpflanzen vor Wind und starker Sonneneinstrahlung schützen. Beim Schirmschlag wird das Altholz auf einer großen Fläche schrittweise ziemlich gleichmäßig ausgelichtet. Bei der Femelschlagverjüngung *(eine Form des Schirmschlages)* erfolgt eine ungleichmäßige Auflockerung des Bestandes. Die Verjüngung geht vom Zentrum aus. Eine Abart des Femelschlages ist der von Dr. Eberhard eingeführte Schirmkeilschlag, bei dem die Verjüngung im Inneren des Bestandes beginnt und ein fast unmerklicher Übergang von der Durchforstung zur Verjüngung vorliegt. Christoph Wagner hat die Saumverjüngung begründet, die vom Rand des Bestandes ausgeht *[siehe Internet und Fachliteratur]*. Im Nadelwald wurden schwache und kranke Bäume entfernt. Im Laubwald wurden die schwachen Bäume belassen. Sie dienen der Schaftreinigung. Im Wald wurde regelmäßig eine Jungwuchspflege und bei etwas größeren Bäumen das Entasten und herausschlagen kranker Bäume vorgenommen. Die bis heute angewandten Methoden der Bestandspflege ähneln in vielem denen der Fünfzigerjahre des vergangenen Jahrhunderts. Das ist hier nicht der Ort, ein umfassendes Lehrbuch zu schreiben *[Verweis auf das Internet: www.fnr-server.de - und auf den „Leitfaden für den Forstfacharbeiter" von Prof. Heger, Prof. Scamoni und Prof. Gäbler, Deutscher Bauernverlag, 1953, S. 134 ff.].*

Wie in einer Gärtnerei wurde der Wuchs des Baumes durch die Hand des Menschen so verändert, dass der zukünftige Bedarf der Holzindustrie wunschgemäß gedeckt werden konnte. Die Forderung nach einem naturnahen Wald wurde dabei oft außer Acht gelassen. Andererseits nutzte man bereits damals alte Erfahrungen, um die „Monokulturen" zu überwinden. **In dem Bemühen, alte Erfahrungen mit den neusten Erkenntnissen zu verbinden, sehe ich die Wurzeln des heutigen Prozessschutzwaldbaukonzeptes.**

In den Nachkriegsjahren mussten riesige Kahlschläge bepflanzt werden. In vielen Revieren war das Pflanzen von Unterholz zweitrangig. Zwanzig Jahre später rückten die Forderungen der klassischen Forstwirtschaft mit der vorratspfleglichen Waldwirtschaft wieder in den Vordergrund. In der Nähe von Großstädten und späteren Erholungszentren wurde der Holzeinschlag deutlich eingeschränkt. Um Potsdam und Berlin gab es Zonen mit einem verminderten Holzeinschlag. Damit wurde man der Erholung der arbeitenden Menschen gerecht.

Was verändert sich gegenwärtig? Den alten Waldbaumethoden stehen dem **Prozessschutzwaldbaukonzept gegenüber** *(ausführliche Darstellung weiter unten).* **Hier geht es um eine multifunktionale nachhaltige Waldwirtschaft, um einen Beitrag zur Energieversorgung, um Anpassung an den Klimawandel und Erhaltung der Biodiversität, um nur einiges zu nennen.** Nachhaltige Ökosysteme sollen erhalten und entwickelt werden. **Die optimalen Voraussetzungen für die Naturverjüngung kann man dem naturnahen Wald abschauen.** Auch die Arbeitsmethoden werden durch die Weiterentwicklung der Technik verändert. Beispielsweise treten mit der Abnahme beziehungsweise dem Verschwinden der Kahlschläge die heute benutzten Pflanzmaschinen in den Hintergrund. Die Hacke und das Pflanzholz, der Spaten und der Pflanzstab müssen durch weiterentwickelte Werkzeuge ersetzt werden. In Mittelschweden habe ich immer noch das Pflanzen mit Hacke, Pflanzstab und Spaten gesehen. Das Bodenprofil macht das dort erforderlich.

Zur **Apokalypse** *(Darstellung des Weltunterganges)*! Heute wird immer wieder vom Klimawandel, vom Weltuntergang und von der Schuld des Menschen geredet. Unsinn oder nicht? So oft, wie in der Geschichte der Menschheit der Weltuntergang vorhergesagt wurde, genau so oft ist diese Apokalypse nicht eingetreten. Wir dürfen optimistisch sein. Nun, an allen Katastrophen auf unserer Welt ist nicht immer der Mensch schuld.

Kaum zu glauben, dass der bekannte **Gewürzpilz „Hallimasch",** also ein kleiner, herber Speisepilz, der in Nordamerika mit seinem Pilzgeflecht (*Myzel*) große Waldflächen samt der dort wachsenden Kiefern eingehüllt hat und absterben ließ. Wie ich nach Bildberichten vermuten konnte, sind Schadstoffe der Industrie als Ursache dieser Kalamität eher unwahrscheinlich. Der Einsatz von Fungiziden *(Mittel, die Pilze töten)* scheint mir ebenfalls fragwürdig. Wahrscheinlich würde man „das Kind mit dem Bade ausschütten", denn auf diese Weise werden auch die, für das Erdreich sehr wichtigen Pilze, vernichtet werden. Ein Mischwald mit ausreichender Artenvielfalt *(die Pilze des Waldes eingeschlossen)* kann eine flächendeckende Waldkrankheit am ehesten einschränken. Da gibt es Pilzarten, die sich miteinander gut vertragen. Dann wieder gibt es Pilzarten, die sich gegenseitig verdrängen. Auch die ‚Biosphäre des Waldbodens' muss sein Gleichgewicht finden *(Biosphäre: Raum mit Leben auf einem Himmelskörper – Atmosphäre: Gashülle/Lufthülle der Erde, Hydrosphäre: Wasserhülle der Erde, siehe Internet).* **Ich habe erfahren, dass auf dem Gebiet der Pflanzengemeinschaft derzeit viel geforscht wird** (siehe Ausblick am Ende dieses Buches!)

Nicht nur die Tiere, auch die Pflanzen leben nach einem Bio-Rhythmus *(Lebensrhythmus).* Immer, wenn der Bio-Rhythmus eines Lebewesens gestört wird, verkümmert es oder kann sogar absterben. Beim Waldsterben unerklärlicher Ursache sollte der Forstwirt auch an einen gestörten Bio-Rhythmus denken. So kennt der Forstwirt viele Pflanzen, die nach einem Bio-Rhythmus wachsen und leben. Ein einfaches Beispiel: Ich denke jetzt an den vierjährigen Rhythmus der Eicheln, Bucheln aber auch an den Maikäfer. Schon in der Bibel wird von den 7 fetten und den 7 mageren Jahren berichtet. Um ein Beispiel zu nennen, so lebt auch der Mensch nach einem strengen Bio-Rhythmus, der mit der Geburt beginnt. Dabei zeigt seine körperliche Periodik einen Zyklus von 23 Tagen, seine emotionale Periodik einen Zyklus von 28 Tagen und seine geistige Periodik einen Zyklus von 33 Tagen. Der Mensch befindet sich auf dem Gipfel eines Zyklus in einer Art Höchstform. Vielleicht. Die sogenannten Mastjahre in der Landwirtschaft *(Jahre mit starkem Buchel- oder Eichelabwurf)* wiederholen sich für alle Eichen bzw. Buchen immer gleichzeitig alle 4 Jahre unabhängig davon, wann diese Pflanze aus dem Samenkorn keimte. Das Herbstlaub einzelner Baumarten zeigt beispielsweise beim Ahorn ständig im ganzen Revier die gleiche Herbstlaubfärbung *(in einem Jahr mehr rötlich, dann leuchtend gelb oder dann wieder schnell bräunlich).* Es gibt also individuelle Bio-Rhythmen, die wie beim Menschen mit der Geburt beginnen, und dann wieder Bio-Rhythmen, die wie die Buche unabhängig vom Zeitpunkt des Keimens der Pflanze aus dem Samen für eine ganze Region und für alle Exemplare einer Pflanzenart einheitlich verlaufen. Hier liegt ein übergeordneter Bio-Rhythmus vor. Viele Bauernregeln gehen auf die Beobachtung der rhythmischen Veränderungen in der Natur zurück. Manchmal sind es Naturkatastrophen oder Vulkane, die ihre Asche ausspeien, oder es sind Sturmfluten, dann wieder kommen lange Winter und Trockenperioden vor, die vom Rhythmus der Gestirne abhängen und unabhängig vom Tun des Menschen Kalamitäten auslösen. Der Kosmos *(Weltall, Universum, Gegensatz von Chaos)* macht, was er will! Jedenfalls kann der Forstwirt durch das Studium einzelner Bio-Rhythmen der Pflanzen deren Lebensweise besser verstehen.

Nicht vergessen sollten wir, dass die Erde und damit auch alle Lebewesen abhängig von der Sonne sind. Wir wissen, **dass zyklisch auftretende Magnetstürme der Sonne bioaktive Wirkungen besitzen** *(Auch ein 11-Jahresrhythmus wird diskutiert.)*. Beispielsweise treten bei Magnetstürmen der Sonne gehäuft Herzinfarkte, Depressionen und Suizide beim Menschen auf. 1823 bis 1923 konnte man in Moskau beobachten, dass die Häufigkeit der Cholera *(eine infektiöse Darmerkrankung)* mit signifikanter Korrelation zu Magnetstürmen der Sonne auftrat *[Hecht, siehe unten]*. Auch andere bakterielle Epidemien können sich abhängig von der Sonnenaktivität und unabhängig vom Tun und Lassen der Menschen entwickeln. Bis zur Einführung der Grippeimpfung haben sich die besonders schweren Grippeepidemien alle 80 Jahre wiederholt. Auch die Tier- und Pflanzenwelt wird vom Sonnensystem beeinflusst *[Hecht, K. u. a., Naturmineralien, Regulation und Gesundheit, Schibri-Verlag, Berlin-Milow, 2005, S. 52 ff & 66 ff]*. Oft aber weiß keiner, warum eine Waldkrankheit plötzlich wie eine Epidemie auftritt und dann wieder vergeht. Die Natur verrät uns nicht alles.

Ausschnitt aus einer Diskussion mit Forstlehrlingen: Wieder lachte mich ein listiger Schelm an: „Bioaktive Rhythmen, Magnetstürme! Halte doch die Sonne an oder fange die Magnetstürme auf." Danach kamen noch ein paar lustige Sprüche. Wir lachten wieder. Der Kosmos kann von uns nicht beeinflusst werden. Nicht verändern, sondern anpassen können sich Pflanzen und Tiere aber auch wir an den Gang der Gestirne. Das ist häufiger möglich, als wir vermuten. **Dem Forstwirt obliegt es, den Wald genau zu beobachten und den Pflanzen beim Anpassen an veränderte Umweltbedingungen zu helfen.** Manchmal kann der Forstwirt den Wald mit ganz einfachen Mitteln unterstützen: Veränderung des Wasserstandes, Sturm- und Windschutz, anpassen der Pflanzengemeinschaft. Ausnahmsweise kann auch eine Düngung oder Pflanzenschutzmittel möglich werden, um nur einiges zu nennen.

Die gesunde Pflanze verfügt über ein gutes Regenerationsvermögen, das heißt, durch äußere Einflüsse kann sich eine teilweise zerstörte Pflanze unter günstigen Wuchsbedingungen wieder so gut wie vollständig regenerieren. Beim Niederwald nutzt der Forstwirt dieses Regenerationsvermögen. Beispielsweise treiben die Erlenstubben unmittelbar nach dem Holzeinschlag junge Triebe aus den Stubben. Ein neuer Erlenwald entsteht. Wird eine Baumspitze zerstört, dann übernimmt ein Nachbartrieb die Baumspitze und das Längenwachstum. Bei der Kiefer entsteht danach die „Posthornform" des Stammes.

Ganze Baumkronen können ihren Habitus *(äußere Kronenform)* in etwa der alten Form wiederhergestellen. Ich habe beobachtet, wenn ein Teil der Baumkrone zum Beispiel einer Linde abgeschlagen wurde, dass die Baumkronenform von „Nebenästen" in völlig gleicher Form nachgebildet wurde. Dass kann bei Bäumen an einer Fahrstraße oder unter Hochspannungsmasten beobachtet werden.

Bei Eidechsen kann man beobachten, dass der Schwanz völlig in gleicher Form wiederhergestell wird, wenn zum Beispiel bei einem Kampf der Schwanz abgebissen wurde. Ich bewundere solche sich regenerierenden Lebewesen und frage mich, woher weiß der Baum oder die Eidechse, wie sie den alten Zustand wieder erreichen kann. Für mich ist das ein Wunder der Natur.

An dieser Stelle macht die Geschichte der Forstwirtschaft einen Schritt in die Zukunft. Fast beneide ich die junge Generation der Forstmitarbeiter. Da sind die neue Denkweise, der Forscherdrang, ein kompromissloses Suchen nach einem Weg, einem Weg in die Zukunft. Habe ich die Hartnäckigkeit erwähnt? Entschuldigung. Mein Lehrmeister sagte immer: „Geht nicht, gibt es nicht. Mache es einfach!" Das Wichtigste ist, die Geheimnisse der Natur durch genaue Beobachtung abzulauschen. Viel Erfolg!

Auch **die Gemeinschaft der Waldpflanzen** kann einen Bestand schwächen oder stärken. Ein Beispiel: Die Traubenkirsche wächst in Nordamerika als ein langer, schlanker Laubbaum mit elastischem Hartholz. Dagegen wuchs die Traubenkirsche in Potsdam wie ein Strauch und verdrängte viele andere Waldpflanzen. Diese Konkurrenz kann zu Holzverlusten im Forst führen. Das müssen wir ernst nehmen. In Potsdam konnte ich Folgendes beobachten. Kiefernmonokulturen sind dort so dicht mit Traubenkirschenunterholz bewachsen, das jede andersartige Naturverjüngung wie durch ‚Unkraut' überwuchert wird. Aber dort wo Buchen beispielsweise horstweise wachsen, gibt es keine Traubenkirsche. Genau dort, wo die Baumkrone der Buche endet, hören die Traubenkirschen auf, kräftig zu wachsen. Die Wurzeln beider Bäume verdrängen sich gegenseitig. Das muss der Forstwirt nutzen. Nach einem dreiviertel Jahrhundert kann ich im Wald bei Bad Saarow *(Brandenburg)* schon etwas kräftigere Baumstämme der Traubenkirsche zwischen den Kiefern finden. Alles verändert sich.

Ein anderes Beispiel ist das **Ulmensterben** in der zweiten Hälfte des vergangenen Jahrhunderts. Borkenkäfer übertragen einen Pilz von einer Ulme auf die anderen. Dabei legen die Borkenkäfer weite Strecken zurück und sorgen so für eine schnelle Verbreitung dieser Pilzkrankheit. Dieser Pilz wächst in den Leitbündeln *(Xylem)* der Bäume und verhindert so einen Nähstoff- und Wassertransport im Baum. Immer mehr Äste vertrocknen, bis die ganze Ulme abstirbt. Heute, also viele Jahre später sehe ich kaum noch frisch infizierte Ulmen. Wann war das zuletzt? Kaum zu glauben. Die Natur hilft sich mit Auslese oder durch Anpassung. Durch die **biologische Auslese** wurden die Schwachen vernichtet. Die Widerstandsfähigen überlebten und sind die Grundlage für die weitere Vermehrung dieser Baumart. Über andere Wege der Evolution der Arten kann in der Fachliteratur nachgelesen werden.

Eine alte Weisheit: **„Herr, die Not ist groß! Die ich rief die Geister, werd' ich nicht mehr los. ... "** *[Ausschnitt aus dem „Zauberlehr-*

. Ich habe die ganze Ballade gelesen. Der Inhalt bleibt hoch aktuell.

Vorsicht Gen-Manipulation! Die **Rentabilität des Forstbetriebes** verlangt widerstandsfähige Bäume und gutes Holz. Wer wagt, das zu bezweifeln? Ruhe in der Runde! Dieses Bemühen macht eine Züchtung guter Bäume erforderlich. In erster Linie wird die Auslese angewandt. Dabei wird das von den besten Bäumen gewonnene Saatgut zur Kultivierung der Neuanpflanzungen verwandt. So werden jene Bäume, die am besten den Wünschen des Forstwirtes gerecht werden, zu den Bäumen der Zukunft gehören. Aus fremden Ländern eingeführtes Saatgut hat schon mehr als einmal zum Misserfolg geführt. Vor der Aussaat von Fremdsaatgut sollte man erst eine Testung vornehmen. An dieser Stelle kann ich nicht alle anderen Züchtungsmethoden aufzählen.

Auf die heute experimentell angewendeten neuen Methoden der Züchtung durch Gen-Manipulation, will ich hier nicht eingehen. Zu viel ist unklar. Immer noch kann der langfristige Schaden größer als der Nutzen sein. Viel schlimmer noch: Durch unangemessene Gen-Manipulation können Arten vernichtet und ganze Vegetationen zerstört werden. Vergessen wir Goethes „**Zauberlehrling**" nicht: „Die ich rief die Geister, werd' ich nicht mehr los." Anders ausgedrückt: Die von uns selbst verschuldeten Veränderungen in der Natur könnten zu unserem nicht korrigierbaren „Todesengel" werden.

An diesem Beispiel möchte ich Ihnen das Für und Wider der Auslese erklären. Der durch Auslese gezüchtete Baum kann gutes Holz liefern und zugleich überlebensfähig sein. Das ist schon möglich. Aber, und das wird immer wieder vergessen, dass nach einer Umweltveränderung der starke Baum zum schwachen werden kann, wenn er sich nicht mehr an die neue Umwelt anpasst.

Sicher hatten Sie schon einmal Kontakt mit der **Pferdezucht**. Vielleicht haben sie den eleganten Körperbau eines Pferdes bei einem Pferderennen bewundert. Ein gut „funktionierendes" Pferd wird von uns immer als ein schönes Pferd angesehen. Form und Funktion gehören untrennbar zusammen. Wir empfinden ein Tier schön, wenn seine Lebensfunktionen optimal ablaufen. Da gibt es Renn- und Arbeitspferde. Je mehr die Pferde durch die Züchtung spezialisiert werden, umso besser werden ihre gewünschten Leistungen. Jeder Pferdezüchter weiß, diesen Umstand für sich zu nutzen. Vorsicht! Jede Münze hat zwei Seiten. **Eine hohe Leistungsfähigkeit steht einer verminderten Anpassungsfähigkeit bei Umweltveränderungen gegenüber.** Damit ist auch eine verminderte Widerstandsfähigkeit gegen Erkrankungen verbunden.

Im Wald ist das nicht anders. Deshalb wird eine zunehmende Vielfalt unterschiedlicher Erbanlagen *(angeborene Eigenschaften)* der Bäume eines Bestandes gefordert. Die Erbanlagen eines Baumes lassen sich mit aufwendigen **Messungen der DNA** ermitteln. Das sind aussagefähige, aber auch sehr teure Untersuchungen. Wie bei den Tieren heißt es auch im Wald: Je vielfältiger das Erbgut ein und derselben Holzart ist, umso sicherer ist, dass bei einer Waldkrankheit oder Umweltkatastrophe nicht alle Bäume absterben und dass die widerstandsfähigen Bäume dieser Baumpopulation den verminderten Bestand wieder auffüllen werden.

Man spricht von Biodiversität und versteht darunter die genetische Vielfalt der Arten und damit die Variabilität unter den lebenden Organismen jeglicher Herkunft. Für die gegenwärtige Abnahme der Biodiversität des Waldes wird eine veränderte Landnutzung *(Urbanisierung, Verstädterung)*, die Abnahme der natürlichen Wälder, Klimaveränderungen, eine Stickstoffbelastung der Gewässer durch Düngung und ein CO_2-Anstieg in der Atmosphäre verantwortlich gemacht. Es gibt hier noch viele Beispiele zu nennen. Die Erhaltung der Artenvielfalt ist die Grundlage des menschlichen Wohlbefindens *[so zu lesen im Internet, Wikipedia, Stichwort Biodiversität]*. Was ist mit dieser Mitteilung im Internet gemeint? Wahrscheinlich kann die Abnahme der Artenvielfalt *(Biodiversität)* von Pflanze und

Tier auch uns Menschen auf vielfältige Weise zum Verhängnis werden.

Die alte Vorstellung, dass der Starke den Schwachen überlebt, ist schon lange widerlegt. Ich wiederhole den Umstand, dass unter anderen Umweltbedingungen zum Beispiel nach einem Klimawandel die Starken zu Schwächlingen werden können, nämlich dann, wenn sie sich den veränderten Umweltbedingungen nicht mehr anpassen können. **Das Überleben einer Art hängt weniger von einzelnen Starken, als vielmehr von der Vielfalt der genetisch festgelegten Eigenschaften einer Pflanzenart ab.**

Zur modernen Forstwirtschaft: Nur auf eines möchte ich noch hinweisen. Früher war der männliche Forstwirt überwiegend ein Holzfäller. Heute eröffnet die Forstwirtschaft mit ihren vielen neuen Arbeitsmethoden dem Forstwirt ungeahnte Möglichkeiten.

Der Beruf des Forstwirtes wird immer attraktiver!

Wirtschaftswald, naturnaher Waldbau, Urwald

Im Folgenden erkläre ich die Definitionen der einzelnen Waldarten. Dabei möchte ich Sie anregen, Ihr Wissen mit Ihrem Gefühl oder Instinkt bei wichtigen Dingen in Einklang zu bringen. Erinnern Sie sich an Ihre Walderlebnisse. Beobachten Sie kritisch. Unser

Förster nutzte jede Gelegenheit, unser Wissen zu überprüfen. Meist folgten Fragen wie: „Was vermutest du? Was sagt dein Instinkt? Fühlst du dich in diesem Waldstück wohl? Die unterschiedlichsten Gespräche mit unserem Förster waren immer sehr lehrreich.

Ein Spaziergang ließ mich den Kontrast zwischen Urwald und Wirtschaftswald erleben. Ich wanderte an Geschäften und Gehöften vorbei und gelangte über Straßen, Wegen und unscheinbare Pfade in einen gut gepflegten Wirtschaftswald. Noch erkannte ich die in gerade Reihen gepflanzten Bäume. So wie der Mais auf dem Feld, standen hier die Kiefern dicht bei dicht. Das muss jedoch nicht schlecht sein. Hier und da lagen bearbeitete Baumstämme. Manchmal standen auch Brennholzstapel zum Abtransport bereit. Der Brandschutzstreifen war gut instandgesetzt, die Hand des Menschen unverkennbar.

Plötzlich verlor ich mich in einem dichten Wald und blieb an einem Weiher *(Flachgewässer mit Sumpfflora)* im unberührten Wald stehen. Unter dem Altholz stand Unterholz bestehend aus Buchen, Eichen und einigen Birken. Die Strauch- und Krautzone war eine wechselnd dichte grüne Zone. Unser Förster liebte die Birke. Er sprach von der Palme des Nordens. Zwei Reihen Birken begrenzten den einen und anderen Waldweg. Ein herrlicher Anblick! Nur wer die

Schönheit des Waldes erlebt hat, wird diesen Wald mit seiner ganzen Kraft schützen. Im Winter bei Frost wurden diese Birken entastet. Der bodennahe Stamm mit der dicken, grobrissigen Rinde bringt das beste Furnierholz. Auch haben wir aus diesem Holz gerne unsere Axtstiele gefertigt *(zähes, elastisches, weiches Holz)*. Auch in unseren Wäldern könnten wir ausreichend Birkenholz zur Furnierherstellung ernten. Die in unseren Revieren gepflanzten Birkenwälder sind meist zu dicht gepflanzt, wachsen schnell in die Höhe und faulen schon früh im Holz, bevor sich gutes Furnierholz am bodennahen Stamm entwickeln konnte. In Nordschweden sieht man dicke Birkenstämme. Schon in Mittelschweden wachsen die Birken im Fichtenwald zu hohen, schlanken „Masten" heran. Um Berlin herum wachsen die Birken in einem Kiefernstangenholz ebenfalls zu hohen schlanken „Masten". Aber, die Kiefer hat ihren Umtrieb *(maximales Höhenwachstum)* noch nicht erreicht, da fängt die Birke an, von der Baumkrone aus zu faulen. Ein Forstwirt sagte mir, dass die Birke für Furnierholz einen kalten Winter und ausreichend Platz braucht.

Im eben beschrieben Wald war das Unterholz der Baumnachwuchs, also die junge Baumgeneration, die darauf wartete, das Altholz zu ersetzen. Die Naturverjüngung ist ein sinnvoller Generationswechsel des Waldes. In einem Mischwald wächst die junge Baumgeneration oft von alleine nach. Nur hier und da muss man die bei Naturverjüngung immer vorkommenden kleinen Baumlücken nachträglich auffüllen. Bei Fichtenmonokulturen kann das ein wenig anders sein. Hier muss das Unterholz gelegentlich rechtzeitig gepflanzt werden.

Ich wanderte weiter. Obwohl das ein auf die Holzproduktion ausgerichteter Wirtschaftswald war, erkannte ich viele Elemente eines naturnahen Waldes.

Jetzt denke ich an den **Plenterwald**, von dem wir auf den ersten Blick nicht immer sagen können, ob er einem Urwald oder einem Wirtschaftswald oder Ödland entspricht *(Plenter abgeleitet von Plunder, Plünderwald, gemeinsam genutzter Bauernwald).* Ein **Plenterwald** ist ein sich stetig verjüngender Dauerwald, in dem Bäume aller Dimensionen *(nicht Altersklassen)* kleinflächig bis einzelstammweise vermischt sind. Die junge Naturverjüngung steht neben Altholz. Im Plenterbetrieb werden bei Bedarf einzelne Bäume gefällt und so ein permanenter Hochwald geschaffen *(Hochwald ist ein Baumbestand, der durch Anpflanzung oder Saat aufgewachsen ist. Der Niederwald ist durch „Stockausschläge" zum Beispiel bei Erlen- oder Weidenbeständen meist in Feuchtbiotopen entstanden).* Trotz des urwaldähnlichen Charakters ist der Plenterwald ein bewirtschafteter Hochwald. Schon seit grauer Vorzeit gab es immer wieder einen gemeinsam genutzten Bauernwald. Bei Bedarf wurden einzelne Bäume gefällt. Die Naturverjüngung sorgte für Nachwuchs. Gut geeignet ist diese Bewirtschaftung für Halbschatten- und Schattenbaumarten wie beispielsweise die Tanne. Weil diese *(forstwirtschaftlich)* ungeregelte Waldwirtschaft durch Übernutzung zu Ödland mit Schädigung des Bodens sowie der Pflanzen- und Tierwelt führen kann, wurde der ungeregelte Plenterwald in Deutschland von 1827 bis zum Ende des 19. Jahrhunderts verboten *[nach dem Internet, Wikipedia, Stichwort: Plenterwald].* Unter günstigsten Bedingungen bietet dieser urwaldähnliche Nutzwald mit seiner Artenvielfalt für Pflanzen und Tiere, seinem günstigen Klimaeffekt und den vielen Möglichkeiten einer natürlichen Regeneration viele Vorteile. Der ernste Feind des Plenterwalds ist der Mensch.

Worin bestand der Unterschied zwischen Wirtschaftswald und Urwald? Der Selbstlauf, der für den Urwald bestimmend ist, schafft Mischwald mit vielen Unregelmäßigkeiten, freien Wiesen neben Baumriesen, unregelmäßigen Gewässern neben Feuchtbiotopen und Trockenzonen. Man findet ungenutztes verfaulendes Totholz neben dichtem Baumbestand. Der Urwald ist durch eine große Artenvielfalt charakterisiert. Nirgends findet man so viele Gegensätze, wie im Urwald. Wie heißt das so treffend?

Das Leben wurde aus Widersprüchen und Gemeinsamkeiten zusammengeschmiedet.

Unser Förster hatte bewusst kleine Oasen aus Mischwald in eine Monokultur gepflanzt. Bei meinem Spaziergang fand ich seltene Holzarten, einen gestauten Bach oder einen kleinen Tümpel und dann wieder ein urwaldähnliches Gehölz mit kleinen Waldwiesen, die Platz für seltene Tiere und Pflanzen ließ. Fragmente des Urwaldes lagen vor mir. Ich schaute im Gegenlicht durch die Baumwipfel, atmete tief durch und roch den Duft eines naturnahen Waldes. War das eine Stinkmorchel? Nein, es roch nach Wildschweinen. Der Pirol sang sein melodisches Lied. Unser alter Förster weckte in uns die Liebe zur unberührten Natur. Keiner von uns hätte diese Oasen je zerstört. Keiner! Solche Biotope erfordern den Schutz des Menschen.

Viele Biotope sind in den vergangenen Jahren regional ausgeweitet worden. Ich erinnere an das Auswildern der „Elbe-Breitschwanzbiber" in die Schorfheide und Oderniederung *(Brandenburg)* und in den Bereich der Peene *(Mecklenburg)* sowie an das Aussetzen von Lachsbrut in die Oberläufe verschiedener Flüsse *(z. B. in die Nebenflüsse der Elbe im Erzgebirge)* um nur einiges zu nennen. Heute kann man in der Elbe bei Rathen *(Sachsen)* wieder Lachse beobachten. Dieser Erfolg setzte viele Bemühungen voraus. Auch darf man das heutige Vorkommen der Fische in großen Flüssen niemals dem Alleingang überlassen. Wenn sich Biber in einem Feuchtbiotop angesiedelt haben, dann ist das mit einem kleinen Hochwasserrückhaltebecken zu vergleichen. Fische in den Seen und Flüssen sind nicht nur Nahrung für die Bevölkerung und ein Arbeitsplatz für den Fischer, sie sind eine sehr effektive Grundlage eines dynamischen ökologischen Systems.

Die gesetzliche Grundlage dieser so entstehenden Artenvielfalt bildet das **Washingtoner Artenschutzabkommen** von 1973 *(für Deutschland wirksam ab 1976):* „**Unter naturnahem Waldbau versteht man die Orientierung aller Bewirtschaftungsmaßnahmen an den Prozessen im Wald, die ohne das Eingreifen des Menschen von alleine ablaufen**" *[Teuffel, K Waldbau, Springer, 2005, S. 4].*

Unter einem naturnahen Waldumbau wird nicht das Streben nach einem Urwald verstanden. Unter naturnahem Waldumbau versteht man jedoch auch nicht das radikale Abholzen einer großen Waldfläche, um hier einen andersartigen Wald neu zu rekultivieren. Ein Wald ist ein Lebewesen und muss wie ein Kind allmählich in ein neues Leben hineinwachsen. Man würde sonst gegen das Minimalprinzip, gegen die Nutzung des Bestandes nach dem Zielstärkenprinzip und gegen alle ökonomischen und ökologischen Grundsätze vorgehen *(siehe weiter unten)*. Das würde dem Wald und den Menschen schaden.

Mit meinen Worten gesagt: **Vom Urwald wird abgelauscht, was der naturnahe Wirtschaftswald für sein Gedeihen benötigt.**

Die Voraussetzung für den Erhalt eines ökologischen, urwaldnahen Baumbestandes ist ein rentabler Wirtschaftswald. Beides lässt sich nicht voneinander trennen. Auch der Forstschutz muss erarbeitet werden.

Wenn wir heute von einem **naturnahen Waldumbau** reden, dann verstehen wir darunter unter anderem die Umwandlung einer Kiefern-Monokultur in einen naturnahen, dem Klima und der Landschaft angemessenen Mischwald. Ich wiederhole: einem ‚dem Klima und der Landschaft angemessenen Mischwald‘. Es ist gut, wenn von staatlicher Seite Vorgaben zur Holzartenauswahl als Empfehlung festlegt werden. Achtung: **Empfehlung und Anleitung statt Verordnung und Befehle,** denn keine administrative Verwaltung kann aus der Ferne entscheiden, welche Bäume an einem kühlen, feuchten Nordhang oder an einem warmen Südhang am besten in irgendeinem Revier wachsen können.

Wissbegierige, Fachkompetente und Verantwortliche müssen gemeinsam Entscheidungen treffen. Eine wichtige Erfahrung: Wenn die politische Macht und die Fachkompetenz in einer Gesellschaft zur Konkurrenz werden, dann ist die Gesellschaft bereits zu sehr ins Wanken gekommen.

Märchenwald oder Wirtschaftswald? Was sagte mein Lehrmeister immer: „Ein Märchenwald oder besser gesagt, ein gesunder Wald sieht immer schön aus. Schön ist eine gut funktionierende Natur!" Der Holzkäufer wird nach der Qualität des Holzes fragen. Daraus resultiert die Notwendigkeit, dass der Förster Bäume pflanzen und pflegen muss, die von Sägewerken und heute von der holzverarbeitenden Industrie sowie vom Holzhandel benötigt werden. Das Holz eines Mischwaldes muss verkaufbar sein. Seltene Holzarten sollten natürlich ebenfalls im Forstrevier vorkommen. Sie können die **Biosphäre „Wald"** *(Gesamtheit aller Lebewesen mit Atmo-, Hydro- und Pedosphäre)* vervollkommnen und den Erholungswert aufbessern sowie dem Forstschutz dienen. Die Kiefer und die Fichte bringen der Wirtschaft sehr gutes Holz. Beispielsweise ist die Kiefer leichter, elastischer und vielseitiger verwendbar als die Eiche. Tannen, Fichten und Kiefern wachsen zu „hohen Masten" heran. Natürlich können auch andere Holzarten einen vergleichbaren Wuchs aufweisen. Solche Bäume werden auch ohne die mittelalterliche Seegelschifffahrt gebraucht. **Der Erfolg des Forstwirtes aber liegt immer in der machbaren Welt.**

Ein Spaziergang vom naturnahen Wirtschaftswald zum Urwald: Ein anderes Mal wanderte ich durch den deutschen Böhmerwald. Natürlich fand ich dort auch den Wirtschaftswald mit Monokulturen und fehlendem Unterholz, mit Ödland und Bodenerosionen. Dann aber kam ich durch einen Märchenwald.

So sah der Urwald aus: Über einem wilden Bach lag ein dichter knorriger Baum. Der letzte Sturm hatte ihn umgeworfen. Dicke Moospolster hatten diesen knorrigen Rest zugedeckt. Kaum zu glauben: Oben auf diesem morschen Baumstamm wuchsen junge Fichten. Ein schlaues Füchslein suchte nach Beute. Jetzt lauschte ich dem Strudeln und Plätschern eines unterirdischen Bächleins, als ein Eichelhäher mit seiner rauen Stimme die Tiere des Waldes vor meinem Kommen warnte. Ich kann nicht alle meiner Eindrücke aufzählen. Da sah ich dichtes Gehölz und Waldwiesen, gesunde und kranke Bäume, gutes Holz und Totholz. Alles ist im Urwald zu finden. Um einen Urwald mitten in einer Waldlandschaft zu erkennen, benötigt man dieses visuelle Muster und außerdem muss man einen Urwald als Lebewesen selbst erlebt haben.

Lassen Sie mich abschweifen. Alt und Jung: Der abgestorbene Baum machte Platz für neues Leben. **Das Werden und Ver-**

gehen sind zur Symphonie des ewigen Lebens im Urwald zusammengefügt worden. Auch das ist der Urwald.

Gibt es heute überhaupt noch Urwald? Diese Frage muss ich nach dem Bericht über einen Urwald im Böhmerwald oder beim Anblick des unberührten Waldes am Müritzsee in Mecklenburg gar nicht erst beantworten. Ja, es gibt auch bei uns in Deutschland Urwald. Weltweit entsprachen im Jahre 2005 ein Drittel *(36 % nach Wikipedia, Internet)* aller Wälder auf unserem Erdball den Kriterien eines Urwaldes. Viele verstehen unter Urwald allein den tropischen Regenwald. Das ist nicht richtig.

Um eine Begriffsbestimmung komme ich jetzt nicht mehr herum: **Urwald, auch Primärwald genannt, sind Waldgebiete, die eine natürliche Vegetation aufweisen, ohne sichtbaren menschlichen Einfluss sind, und deren natürliche Dynamik ungestört abläuft** *[Def. n. Food and Agriculture Organization of the United Nations, Internet, Wikipedia].* Zu beachten ist, dass es in der urbanisierten Welt *(Verstädterung)*, besonders in der Umgebung von Großstädten und Industriegebieten kaum Wälder gibt, die unberührt vom menschlichen Einfluss sein können.

Warum versuche ich, den Unterschied zwischen Urwald und urwaldnahem Wirtschaftswald nicht allein mit statistisch ermittelten Zahlen zu belegen, sondern dem „Bachgefühl" des

Forstwirtes eine ganz besondere Wertigkeit beizumessen? Weil Zahlen wichtig, aber nie mehr als eine zusätzliche Information sind. Ich möchte das „Bauchgefühl" des Forstwirtes mit meinen Erfahrungen aus der Medizin erklären. Die Einschätzung der Lebensaussichten eines Patienten allein an Hand von Laborparametern war oft fehlerhaft. Wenn ich jedoch den Geruch eines Leberkranken, die Hautveränderungen eines Kreislaufkranken oder den veränderten Blick eines Todkranken berücksichtigte, war meine Prognose *(Vorhersage eines Krankheitsverlaufes)* sehr oft richtig. Zum Wald gibt es vergleichbare Erfahrungen, Erfahrungen, die sich in der Intuition (Bauchgefühl) widerspiegeln.

Darf man den Urwald durch die helfende Hand des Menschen schützen? Ein Urwald entwickelt sich definitionsgemäß ohne jeden menschlichen Einfluss. Seine Eigendynamik setzt eine Mindestgröße und eine Abschirmung vor schädlichen Einflüssen unserer Zivilisation voraus. In unserer Welt muss der Forstwirt sehr viel tun, um den bestehenden Urwald und den urwaldähnlichen Wald zu erhalten. Das ist jedoch niemals ohne Kompromisse möglich.

Die folgende Diskussion zwischen Lehrmeister und Lehrlingen veranschaulicht diese Problematik *[nach Texten aus: Klaus Kehl, Die Seele des Holzfällers, Verlag am Park, 2005].* Die Diskussion begann mit dem fehlenden menschlichen Einfluss auf den Urwald. „Darf man denn den Urwald sich selbst überlassen?", fragte unser Lehrmeister. Der Lehrmeister forderte uns mit diesen Worten heraus. Erst nach längerer Pause antwortete Ludwig erregt: „Wenn wir in den Urwald eingreifen, dann ist es doch kein Urwald mehr. Hoffentlich ist das dann wenigsten noch ein naturnaher Wald." Der Förster schmunzelte: „Richtig gedacht. Vorrangig bleibt immer die Erhaltung des Waldes. Nur in Ausnahmefällen bei Notsituationen, darf der Mensch eingreifen. In der Regel spricht man nach dem Eingriff von einem urwaldnahen Wald. Erst nach Jahren könnte dieser Wald wieder zu einem echten Urwald heranwachsen." Ludwig: „Wozu benötigt die Forstwirtschaft den Urwald?" Jetzt hatte der Lehrmeister das Wort: „Wir brauchen den Urwald, denn die Auseinandersetzung eines Baumes mit seiner Umwelt ist im Urwald viel härter als im gut behüteten Wirtschaftswald. Die daraus resultierende natürliche Auslese kann widerstandsfähigere Holzarten, also besseres Holz hervorbringen. Ferner wachsen im Urwald Pflanzen, die wir im Wirtschaftswald nur selten finden. Auch die Pflanzengemeinschaften kann man im Urwald am besten studieren."

Der Bäcker provozierte schon wieder den Lehrmeister: „Folglich brauchen wir keinen Urwald oder ist das anders?" Der

Förster wurde nun energisch: „Ohne die Hand des Menschen würde der Wald in der zivilisierten Welt verkommen. Wenn du dir ein idyllisches Mittelalter herbeisehnst, werden andere Völker kommen und dort ihre Industrie aufbauen, wo du von einem beschaulichen und einträchtigen Wäldchen geträumt hast. Es macht doch keinen Sinn, Mitteleuropa in eine Wüste zu verwandeln und darauf zu hoffen, dass dort ein Urwald nach unseren Vorstellungen nachwächst. Das wäre eine gefährliche Dummheit." Achtung! Lieber Leser! Überlegen Sie selbst: Wenn der Mensch einen Urwald zerstört, dann muss er diesen Wald nach den Kriterien des Urwaldes wieder herstellen, was immer sehr viel Zeit erfordert. Manchmal gelingt es nur, einen naturnahen Wirtschaftswald zu erhalten. Das kann jedoch schon sehr viel sein. Nachhaltigkeit bedeutet auch, vorausschauend zu entscheiden. **Die Erhaltung des Waldes steht im Vordergrund.**

<u>Was versteht man unter einem ökologischen Waldbau?</u>

Jetzt wird es richtig kompliziert. Ich lese gerade: Öko, Ökologie, Ökologe, „das Ökohuhn", „die Ökobank", „der Ökoladen", „Ökoholz" und „ein Ökofan", selbst „Ökoschuhe" habe ich lesen dürfen. Ich kann nicht alles aufzählen. Verwirrend. Jedenfalls überwiegt eine „wohlwollende Verschwommenheit" darüber, was Ökologie alles bewirken kann. Das Wort „ökologisch" gehört heute zu den häufigen Worten unserer Alltagssprache. Ihm werden sehr unterschiedliche, auch sonderbare Bedeutungen zugeschrieben. Beginnen wir mit der eigentlichen Bedeutung dieses Begriffes *Ökologie: Lehre von den Lebewesen und ihrer Beziehung zur Umwelt. [* *oikos: gr. - Wohnung; Bertelsmann, Wahrig, Fremdwörterlexikon].* **Ernst Haeckel hat den Begriff „Ökologie" bereits 1886 in seinem Buch „Generelle Morphologie der Organismen" geprägt** und verstand unter **Ökologie „Die gesamte Wissenschaft von den Beziehungen eines Organismus zur umgebenden Außenwelt"** *[obige Angaben nach Internet und nach Texten von Röhrig E, „Waldbau auf ökologischer Grundlage", S. 45, Verlag Eugen Ulmer, Stuttgart, 2006, ISBN: 3-8001-4595-2].*

Ein **ökologischer Waldumbau** bezweckt folglich, eine Monokultur oder eine unangemessene Bepflanzung des Waldes oder einen kranken Wald, um nur einiges zu nennen, schrittweise im Rahmen einer Aufforstung oder Bestandspflege zu optimieren. Zielstellung ist ein harmonisches Zusammenwirken von Wald und Umwelt. Für den Forstwirt bedeutet das, nicht nur die Belange des Waldes, sondern auch die der Umwelt und unserer Gesellschaft zu berücksichtigen. Hier habe ich erstmals verstanden, wie gewaltig der Schritt vom Naturschutzschild mit einem „Uhu" als Symbol bis zum heutigen komplexen Naturschutz ist.

Wald im Einklang mit der Umwelt: Zu diesem Thema habe ich in der Literatur relativ wenig Konkretes gefunden. Vielleicht haben wir heute verlernt, über unsere Umwelt, über die geschätzte Heimat und gemeinsame Verantwort nachzudenken. Deshalb sollten wir über die folgenden Worte von Piechocki nachdenken: „Obwohl der Prozessschutz vorgibt, primär naturwissenschaftlich zu argumentieren, löst er sich nicht von den ‚ganzheitlich-organizistischen' Naturvorstellungen, denn es geht ihm letztlich nicht um den Schutz ökologischer Prozesse an sich, sondern um die Verwirklichung idealtypischer, wildnisgeprägter Naturbilder". Meine Lehrer haben bereits vor über fünfzig Jahren festgestellt, dass die Natur als Ganzes zu betrachten und zu verstehen ist und dass der Mensch ein Teil davon ist *[Internet, Wikipedia, Prozessschutz, Piechocki, R.: Landschaft-Heimat-Wildnis. Schutz der Natur – aber welche und warum? 2007, Becksche Reihe]*.

Die Pioniere der Forstwirtschaft haben mit ihrem ganzen Herzen für Ihre Heimat, ihre Umwelt und ihre Verantwortung gelebt. In schweren Zeiten haben sie sich an ihre eigene Kraft erinnert.

Eine kleine Randbemerkung: **Jedes Waldstück hat andere Voraussetzungen zum Wachsen.** Was für den einen Wald gut ist, kann für den anderen schädlich sein. Nichts gleicht dem anderen.

Man darf demzufolge nicht die konkrete Aufforstung eines Kahlschlages und deren Holzartenwahl für alle Forstreviere auf gleiche Weise festlegen. Der Wald würde da nicht mitmachen. Auch das aber sagte ich schon.

Zukunftsträchtig ist ein naturnaher und zugleich ökologischer Waldumbau. Nach dem **Bundeswaldgesetz** *[Bwaldg., BMELF 2000b, bei Teuffel, K. siehe oben]* **„muss die Waldwirtschaft den wirtschaftlichen Nutzen und die Leistungsfähigkeit des Naturhaushaltes, die Umwelt, das Klima, den Wasserhaushalt und die Reinhaltung der Luft, die Bodenfruchtbarkeit und die Agrarinfrastruktur aber auch das Landschaftsbild und die Erholung der Bevölkerung berücksichtigen.“**

Ziel ist, **das labile „ökologisches Gleichgewicht“ zwischen den verschiedenen Gliedern einer Lebensgemeinschaft** *(Biozönose)* **so zu harmonisieren, dass es die Fähigkeit besitzt, sich selbst zu regulieren** *[frei nach Wahrig, Fremdwörterlexikon, Bertelsmann Lexikonverlag, Herausgeberin Frau Dr. Renate Wahrig-Burfeind, regularer lat. regulieren, nach einer Norm ordnen und anpassen].* Anders ausgedrückt: Man spricht von einem sich selbst regulierenden „ökologischen System Wald“, dass alle Pflanzen, Tiere und Mikroben im Wald zu einer lebendigen Einheit zusammenfügt. Autoregulation heißt, dass ein Lebewesen selbstständig ohne Einfluss von außen in der Lage ist, alle erforderlichen physiologischen Parameter durch komplexe Regelkreisläufe in vorgegebene Grenzen einzuregulieren *(Homöokinese)*. Auf diese Weise kann sich das Lebewesen den veränderten Umweltbedingungen anpassen.

Interessant ist, dass die Selbstregulation in biologischen Systemen eine materielle Grundlage hat. Ich schrieb schon, dass das Silizium bei der Entstehung des Lebens eine große Rolle gespielt hat. Dann erinnere ich an die Kristallgitterstruktur aus SiO4 und AlO4 *(Klinoptilolith-Zeolith)*, die zu vielen biologischen Funktionen befähigt ist: Ionenaustausch, Adsorption, Molekularsiebfunktion, Katalysatorwirkung, Detoxikation, Aufbau von Eiweißen aus Aminosäuren und Peptiden, Ionendonator *(Geber von Ionen)*, Donator von kolloidalem Silizium, Selbstregulation von biologischen Systemen, biogene Kristallflüssigkeitsbildung, um nur einige wichtige Funktionen zu nennen *[näheres bei Hecht K u. a., Naturmineralien, Regulation und Gesundheit, Schibri-Verlag-Berlin-Milow, 2005, S. 230 & 261, - Karl Hecht; Zeolith, Lebenskraft durch das Urgestein,   Dez. 2015, ISBN: 978-3-88778-433-1]*. Ich möchte von einer intelligenten Regulation der lebenden Prozesse durch diese früher als ‚Heilerde‘ benannten Mineralien sprechen. Seid dem Altertum denkt der Mensch über die Entstehung des Lebens nach. Wir sind diesem faszinierendem Zauber ein Stückchen näher gekommen. Je mehr Fragen von den großen Wissenschaftlern beantwortet werden, umso mehr Fragen bleiben unbeantwortet. Vielleicht werden wir das wahre Geheimnis des Lebens nie vollständig erfahren. Gut so, oder?

Nun ja, alles ist Theorie. Wir aber leben in der Praxis. Wozu das alles? Wenn der Forstwirt das „Lebewesen Wald" behüten und fördern möchte, dann muss er sich mit dem Werden und Vergehen der einzelnen Pflanzen beschäftigen. **Die Beobachtung ist sein wichtigstes Werkzeug.**

Ein paar praxisrelevante Beispiele: Jedes Lebewesen im Wald besitzt eine sehr komplexe Eigenregulation, ohne die es nicht existieren kann. Die Blüten und Blätter einer Pflanze richten sich nach der Sonne aus. Während einer Trockenperiode verkleinern oder verschließen die Blätter vieler Baumarten ihre Spaltöffnungen *(Atemöffnungen an der Unterfläche eines Blattes)*, um Wasser zu sparen. Im Herbst speichern die Pflanzen ihre Energievorräte *(Kohlenhydrate)* nicht nur in den Wurzeln, in ihren Zwiebeln oder Knollen. Die Tiere werden durch den Hunger zur Nahrungssuche angeregt. Der Winter mit seiner Kälte hat bei den Warmblütern das Winterfell wachsen lassen. Jeder Organismus passt sich auf vielfältige Weise den sich ständig veränderten Lebensbedingungen an.

Mehr noch: Im Wald gibt es viele Wechselbeziehungen zwischen den verschiedenen Lebewesen. Beispielsweise wird der Bestand an Raubtieren durch das Nahrungsangebot geregelt. Bei ausreichender Nahrung vermehren sich die Raubtiere stärker, bei Nahrungsmangel weniger. Genauso verhält es sich mit den grasfressenden Tieren und dem Weideland.

Viel komplizierter sind die Wechselwirkungen zwischen den Mikroben und den Waldpflanzen. Da leben beispielsweise die Knöllchenbakterien an den Wurzeln der Robinie, an denen des wilden Klees oder der Lupine. Diese Knöllchenbakterien produzieren aus dem Stickstoff der Luft organische Stickstoffverbindungen, die von der Wirtspflanze, beispielsweise der Robinie, zum Wachsen benötigt werden. Als Gegenleistung profitieren die Knöllchenbakterien von den Nährstoffen der Robinie, die den Knöllchenbakterien fehlen. Einer braucht den anderen. Nach Mancuso u. M. Bilden die Wurzeln der Bäume über ihre Wurzelspitzen mit den Nachbarbäumen ein Informationsnetzwerk *(s. letztes Kapitel als Ausblick)*. Ich könnte diese Beispiele beliebig fortsetzen.

Ein besonders eindrucksvolles Beispiel ist der tropische Regenwald. In ihm geht nichts verloren. Ein Blatt, das vom Baum fällt, ist oft schon wieder verwehrtet, noch bevor es den Boden erreichen konnte. Ein solcher Regenwald besteht aus vielen Etagen, in denen jeweils eine eigene Flora *(Pflanzenwelt)* und Fauna *(Tierwelt)* existieren. Beispielsweise bildet die Wipfelzone des Regenwaldes ein nur für diese Region typisches Biotop mit dort lebenden Insekten und anderen Tieren aus. Man kann den Regenwald mit einem modernen Computer-Netzwerk vergleichen, das alle Lebewesen streng abhängig voneinander verbindet und gleichzeitig viele neue Geschöpfe aufnehmen und durch die komplexe Gemeinschaft ungeahnte Leistungen vollbringen kann. Ein anderes Beispiel ist der Ameisenstaat. Viele spezialisierte Ameisen leben in ihrem ‚Ameisenhaus' und deren Umgebung so zusammen, als wären alle zusammen ein eigenständiges Lebewesen. Der Wechsel zwischen Trocken- und Regenzeit wirkt wie ein Motor auf das Leben der Tiere und Pflanzen ein. Die „Mutter Erde", der „Kreislauf des Wassers" sowie das Klima und die Luft bestimmen das ewige Leben im tropischen Regenwald.

„Das ewige Leben": *[Nach Texten/Gesprächen aus: Klaus Kehl: Die Seele des Holzfällers, Verlag am Park, 2005]* Diese Frage ist für jeden jungen Forstlehrling nur von theoretischer Natur. Dennoch lag uns diese Frage wie eine Last auf unserem Herzen. Da wurden Hasen und Wildschweine geschossen und Fische gefangen. Vögel fielen aus dem Nest. Überall in unserem Revier stießen wir auf den Tod des Zweiten Weltkrieges. Angst kam auf. Plötzlich sollten wir das Werden und Vergehen in unserem Forstrevier verstehen. Wir redeten nicht über den Tod. Niemals. Dennoch faszinierte uns unsere Welt. Die Geschichte der Forstwirtschaft lässt sich nicht ausschließlich mit einer chronologischen Aufzählung von Fakten wiedergeben. Wir reden heute vom neuen Denken in der Forstwirtschaft. Diese Entwicklung ist durch die Neugierde, Kreativität und Motivation, durch Beobachten, Rechnen und Konstruieren aber auch durch Verstehen und Fühlen gekennzeichnet. Sie werden mir zustimmen, dass ohne ein Gespräch und ein Zusammenwirken zweier Generationen über ihr Wissen, ihre Hoffnungen und Sehnsüchte die Menschen keine Chance in der Zukunft haben.

Gespräch zwischen Lehrmeister und Lehrlingen: Einer von uns fragte: „Wie soll ich das verstehen? Es gibt doch kein ewiges Leben. Die Geschöpfe des Regenwaldes entstehen und gehen wieder Zugrunde. Alles hat einen Anfang und ein Ende. Ewiges Leben? Nein, niemals!" Wir nickten zustimmend und entdeckten gleichzeitig Zweifel in uns.

Die Unterredung wurde mit einer Bemerkung des Lehrmeisters fortgesetzt: „Diese Unsicherheit möchte ich euch mit dem Beispiel vom ‚ewigen Kreislauf des Wassers' nehmen." Gunnar redete sofort dazwischen: „Wieso ewig? Der Regenguss hat doch einen Anfang und auch ein Ende. Jeder kann das beobachten. Der Regen beginnt, auf die Erde zu fallen. Sobald sich die Regenwolken ausreichend entleert haben, ist der Regenguss beendet. Der Regen ist also zeitlich begrenzt.“ Über uns   huschten zwei Eichhörnchen durch die Bäume. Eine leichte Brise kühlte unser hitziges Gemüt. Nun setzte der Lehrmeister das Für und Wider fort: „Richtig! Dennoch widerspreche ich euch. Nur ein ganz kleiner Teil des gesamten globalen Wasserkreislaufes ist endlich, nämlich der einzelne Ablauf eines Regengusses. Solange die Erde existiert, zirkuliert das Wasser unentwegt. Es verdunstet über den Meeren, wird als Wolken in die Lüfte gehoben, mit dem Wind fortgetragen und fällt in Abhängigkeit von der Wärme zuerst als Schnee oder Eiskristalle nieder und erreicht meist als Regen irgendwo den Boden. Hier versickert das Regenwasser im Boden, wird im Grundwasser oder in den Pflanzen und Tieren zeitweilig gespeichert oder fließt über Bäche und Flüsse zurück ins Meer, um sich zunächst mit den Meeresströmungen auf dem ganzen Globus zu verteilen und schließlich erneut zu verdunsten. Der Kreislauf des Wassers beginnt von Neuem. Nichts geht verloren. Nichts geschieht unabhängig von der übrigen Welt.“

Bei allem Respekt: Im globalen Kreislauf des Wassers gibt es zeitlich begrenzte Erscheinungen wie den Regenguss und endlos wirkende Prozesse, wie das gesamte Wasser auf unserem Erdball. Genauso verhält sich das Leben der Tiere und Pflanzen. Wir Menschen haben unser eigenes Leben immer endlich erlebt. Deshalb betrachten wir auch alle anderen Prozesse primär so, als wären sie endliche Vorgänge. Das einzelne Individuum wird geboren, wächst und reift heran, um irgendwann wieder zu sterben. So ist der Lauf der Dinge. Keiner kann das verhindern. Das Leben ist voller Gefahren. Es endet immer mit dem Tode. Viele von uns sind dem „Gevatter Tod" schon irgendwann begegnet. Wer sagt jetzt: ‚Noch einmal Glück gehabt'. Na, na! Im Wald ist das ebenso. Der Tod schafft den nachkommenden Generationen Platz und Nahrung für einen neuen Anfang. Die neue Generation kann die alte ersetzen, sich an veränderte Lebensbedingungen anpassen und weiterentwickeln. Das ist Evolution. **Der Baum ist mit dem endlichen Regenguss und der Urwald mit dem „ewigen Kreislauf des Wassers" zu vergleichen.**

CO$_2$-Emission, Treibhauseffekt, Waldwirtschaft

In der Forstwirtschaft hat sich heute eine völlig neue Denkweise durchgesetzt: Wir denken anders, verantwortungsvoller und zukunftsträchtiger, also nachhaltiger.

In allem, was die Natur geschaffen hat, steckt ein tiefer Sinn. Selbst von dem heute Unbedeutenden können wir lernen. Nicht zu vergessen: Irgendwann werden wir alle auch unbedeutend werden und dennoch zur Vielfalt der Natur dazugehören.

„Erachte nichts, was dir auf dem Weg

Begegnet, als gering!"

(Basilius der Große, 330 – 379 n. Chr.)

Treibhauseffekt? Die heutige Klimaerwärmung schwebt wie ein Damoklesschwert über uns *[nach C. F. Gellert: Symbol für eine ständige Gefahr]*. Angst macht sich breit, manchmal auch Resignation. Über die Klimaerwärmung und den Treibhauseffekt, über Permafrostboden und Methangaseruption als auch über das Abschmelzen der Gletscher und das Ansteigen des Meeresspiegels ist sehr viel geforscht und geschrieben worden. Keiner kann das mit nur wenigen Worten zusammenfassen. Auch ich nicht. Trotzdem möchte ich Sie mit wenigen Gedanken motivieren, sich mit dieser Problematik intensiv zu beschäftigen? Viel Erfolg!

Was besagt der **Glashaus- oder auch Treibhauseffekt,** der für die gegenwärtige Klimaerwärmung auf der Erde verantwortlich sein soll? **Weil von außen nach innen mehr Wärmeenergie durch die Glasverkleidung eines Freilandgewächshauses gelangt als umgekehrt, ist die Energiebilanz im Gewächshaus bei Sonnenschein positiv, das heißt, die Wärme nimmt im Gewächshaus zu.** In Abhängigkeit von der Zusammensetzung der Atmosphäre verhält sich die Wärmebilanz der Erde sehr ähnlich. Das energiereiche, kurzwellige UV-Licht bringt der Erde mehr Wärmeenergie als

104

das energieärmere langwellige Infrarotlicht von der Erde ins Weltall abführen kann.

Die Sonne ist unser Heizkörper. Ohne die Wärmestrahlung der Sonne würde unsere Erde langsam erkalten. Andererseits würde sich die Erde ohne das Gegenteil, ohne die geregelte Abgabe ihrer Wärmestrahlung ins Weltall schnell aufheizen. Zwischen Erde und Sonne existiert eine thermische Autoregulation.

Wie kommt das? Viele Gase wie CO_2, Methangas, Wasserdampf, Ozon, FCKW, Stickstoffverbindungen und viele andere Stoffe reflektieren die von der Erde ins Weltall abgegebene Wärmeenergie wieder zurück zur Erde, verhindern so eine baldige Abkühlung der Erde und beteiligen sich auf diese Weise ebenfalls an der Autoregulation der Erdwärme. **Der Treibhauseffekt nach verstärktem CO_2-Ausstoß in die Atmosphäre bedeutet, dass primär der CO_2-Anstieg in der Atmosphäre ist und sekundär die Klimaerwärmung durch Verminderung der Wärmeabstrahlung ins Weltall folgt.**

An einem besonders starken Treibhauseffekt ist das **Methangas** beteiligt. Methan ist ein großes Molekül, das sich in CO_2 und Wasser umwandeln kann. Hier verhält sich der Klimawandel umgekehrt. Zuerst beginnt die Klimaerwärmung. In deren Folge wird beispiels- weise der Permafrostboden erwärmt oder aufgetaut. Die Biomasse, beispielsweise das Moor, erwacht aus ihrem Winterschlaf und produziert Methan. Das können wir derzeit in Sibirien und anderen nördlichen Regionen auf unserer Erde beobachten. Jetzt wird in großen Mengen Methangas und damit auch CO_2 an die Atmosphäre abgegeben. **Der Treibhauseffet nach verstärktem Methangasausstoß verhält sich jetzt entgegengesetzt zur CO_2-Dynamik: Primär ist die Klimaerwärmung und sekundär der CO2/Methan-Anstieg in der Atmosphäre.**

Anders verhält es sich mit der **Vulkanasche**. Wenn riesige Mengen Vulkanasche nach einer Lavaeruption eines Vulkans in die Atmosphäre ausgestoßen werden, dann hält die in der Luft schwebende Vulkanasche die Sonneneinstrahlung zurück, **so wie uns ein Sonnenschirm bei einem Seeurlaub einen Schatten bietet**. Damit wird die Erdatmosphäre wieder_kühler. Nach großen Naturkatastrophen kam es oft über Jahre hinaus zu einer partiellen Verdunklung und Abkühlung des Erdballs.

Etwas anderes: Die deutliche Konstanz der CO_2-Konzentration in der Atmosphäre spricht wiederum für eine mehr regulierende Wirkung des CO_2. Das ist vergleichbar mit der Regulierung des Säure-Basenhaushaltes *(pH-Wert im Blut)* beim Menschen, der vorrangig mittels der CO_2-Ausscheidung durch die Lungen reguliert wird *[siehe Internet]*. Eine unerwartet starke Zunahme der CO_2-Konzentration in der Atmosphäre könnte unter anderem auf ein beginnendes Versagen dieser Wärmeregulation hinweisen. Für mich ist das eine Motivation, sich für die Verminderung des CO_2-Ausstoßes in die Atmosphäre einzusetzen. Falsch wäre jedoch die Hoffnung, dass sich allein durch die Verminderung der CO_2-Konzentration in der Atmosphäre das Klima nach unseren Wünschen zu beeinflussen wäre. In der Fachdiskussion zum Klimaeffekt gibt es kontroverse Diskussionen. Wie auch immer, mit der Verminderung der Industrieabgase werden ebenfalls unzählige sehr gefährliche Schadstoffe in die Atmosphäre abgegeben. Das ist bereits Grund genug, die Industrieabgase auf der Welt zu vermindern.

Ich vermute, dass es sich beim Treibhauseffekt und der Klimaerwärmung um einen sehr komplexen Prozess mit wenigen Bekannten und unendlich vielen Unbekannten handelt *(siehe Fachliteratur)*. Nicht vergessen sollten wir, **dass die Sonne den größten Einfluss auf unser Klima hat** und immer haben wird.

Eine weitere Motivation zum Umweltschutz: Die körperliche, geistige und gesellschaftliche Entwicklung des Menschen ist in einer erdgeschichtlich langen Periode abgelaufen, in welcher der Sauerstoffgehalt der Erdatmosphäre kontinuierlich und stark anstieg *(heutiger Sauerstoffgehalt der Erdatmosphäre etwa 21%)*. Diese Sauerstoffvermehrung in der Amosphäre wird vor allem durch das Chlorophyll in den Blättern und Nadeln und allen grünen Pflanzen unter Lichteinwirkung bewirkt. Die nachhaltige Waldwirtschaft hat einen großen Anteil am Sauerstoffgehalt in der Erdatmosphäre und am Wohlbefinden der Menschen.

> Zu diesem Thema empfehle ich: **Rüdiger Glaser: Klimageschichte Mitteleuropas (1200 Jahre Wetter, Klima, Katastrophen),** [primusverlag, Darmstadt, 2013, S. 243 {Treibhaus klima}] - Der Physiker Tyndall *(1820-1893)* hat den Begriff der Treibhausgase geprägt *(bei R. Glaser s. o.).* Der Physiker Fourier *(1768-1830)* hat die Bedeutung der Erdatmosphäre für den Wärmehaushalt erkannt. *(bei R. Glaser, s. o.).*

> ***Oxygene Fotosynthese*** *[n. Brockhaus multimedial]: Aus 6 Kohlendioxidmolekülen und 12 Wassermolekülen entstehen unter Einwirkung von Licht auf Chlorophyll 1 energiereiches Zuckermolekül (+2823 kJ), 6 Wasser- und 6 Sauerstoffmoleküle.) So versorgt uns die Sonne mit Energie und Sauerstoff, den wir zum Leben brauchen.*

Zurück zur Forstwirtschaft! Was obliegt der Forstwirtschaft? Legen wir diese sehr interessante, jedoch mit vielen offenen Fragen gespickte Problematik des Treibhauseffektes beiseite und wenden uns dem Machbaren in der Frostwirtschaft zu. Beim weltweiten Bemühen um die Verminderung des CO_2-Ausstoßes in die Atmosphäre werden von der Forstwirtschaft wirksame Aktivitäten erwartet. Nichts geht im Alleingang. **Vielmehr wird nur das Zusammengehen von Waldwirtschaft und holzverarbeitender Industrie in der Lage sein, den CO_2-Ausstoß in die Atmosphäre deutlich zu vermindern.**

Wie soll das gehen? **Das Holz, das als Baustoff für Möbel und andere Produkte nicht verbrennt oder verfault, bindet im Holz dauerhaft sehr großen Mengen CO_2.** Ein Beispiel: Eine 35 m hohe 100jährige Fichte, die ein Holzvolumen von etwa 3,4 m³ hat, besteht zur Hälfte ihres Holzkörpers aus 0,7 Tonnen Kohlenstoff. Das entspricht einer CO_2-Absorbtion von 2,6 Tonnen CO_2 *(Umrechnungsfaktor 3,67)*. Eine gleichhohe Buche hat in ihrem Holz 3,5 Tonnen CO_2 gespeichert. Das ist möglich, weil die Buche als Hartholz über eine höhere Holzdichte als die Fichte verfügt. In dieser Rechnung *(eine nur in etwa-Kalkulation)* geht es um einen einzelnen Baum, nicht um den ganzen Wald mit unzähligen Bäumen.

Im Gegensatz dazu gibt das Holz, welches im Wald ungenutzt verfault, große Mengen CO_2 und Methangas an die Atmosphäre ab. Von der Nutzung des anfallenden Holzes hängt es folglich ab, ob die Forstwirtschaft den CO_2-Ausstoß in die Atmosphäre effektiv erhöhen oder vermindern kann. *(Auch das ist ein multifaktorielles, also variables System.)* Über dieses Vorgehen entscheidet die Forstwirtschaft in Zusammenarbeit mit der holzverarbeitenden

Industrie. Auch wenn nicht ein Baum dem anderen gleicht, so verstehe ich erst jetzt die große Bedeutung eines ausgedehnten Waldes für unsere Klimaregulation *[Internet: www.wald.de/]*.

Welchen Trend hat der gegenwärtige Holzbedarf? Wenn wir heute großzügig auf Anteile der Holzproduktion zugunsten eines urwaldnahen Waldbaues verzichten können, dann ist das nur möglich, weil in unserer modernen Industriegesellschaft viel Holz durch Plastik, Metalle und andere Materialien ersetzt wird. Andererseits gibt es das entgegengesetzte Bestreben, nämlich die Plastik durch verrottbare Substanzen zu ersetzen. Auf diese Weise steigt heute erneut das Interesse am Holz.

Der Vergleich zeigt, **welchen großen Einfluss die Forstwirtschaft nicht nur auf das regionale, sondern auch auf das globale Klima hat.** Der **Prozessschutzwaldbau** könnte so zu einem Weg werden, der die eben nur grob skizzierten Möglichkeiten zum Wohle der Menschheit beeinflusst.

<u>Grundsätze der modernen Forstwirtschaft</u>

An dieser Stelle muss ich auf die Literatur und das Internet verweisen. Nichts ist so wie früher. Altes und Neues vermischen sich miteinander. Kaum zu überschauen. Dennoch komme ich um eine kurze Zusammenfassung nicht mehr herum, eben weil die moderne Forstwirtschaft der Gipfel einer Jahrtausende andauernden Entwicklung ist. Dem Interessierten empfehle ich, mit der nachfolgenden Internetquelle zu beginnen *[Internet: Programm der modernen Forstwirtschaft, Hansestadt Lübeck, Bereich Stadtwald, moderne Forstwirtschaft. Nutzung von Wäldern in Zeiten von Biodiversitätsverlust, Klimawandel und ökonomischem Wandel - Datei: Sturm: Forstwirtschaft-N-05- 11- 2011.PDF].*

<u>**Thesen zum Prozessschutzwaldbau**</u>

Das Wunderwort heißt Prozessschutzwaldbau. Es geht um einen modernen Waldbau. Was versteht man darunter? Die aktuelle ‚Prozess-Definition nach **Jedicke 1998'** lautet: **„Prozessschutz bedeutet das Aufrechterhalten natürlicher Prozesse** *(ökologischer Veränderungen in Raum und Zeit)* **in Form von dynamischen Erscheinungen auf der Ebene von Arten, Biozönosen, Bio- oder Ökotopen, Ökosystemen und Landschaften."** Man unterscheidet den **segregativen** und den **integrativen Prozessschutzwaldbau.**

Beim **segregativen Prozessschutz** steht die vollkommen ungesteuerte Naturentwicklung wildnisähnlicher Lebewesen im Mittelpunkt. Beim **integrativen Prozessschutz** findet eine Bewertung und Auswahl der natürlichen Prozesse statt, die entsprechend der formulierten Ziele eine bestimmte Landschaftsentwicklung zulassen oder verhindern. Mehr dazu in der Fachliteratur *[Internet, Wikipedia, Prozessschutz: Jedicke: Raum-Zeit-Dynamik in Ökosystemen* *und Landschaften, Naturschutz und Landschaftsplanungen 30 (1998), S. 229 bis 233 - Sturm, K, Prozessschutz - ein Konzept für naturgerechte Waldwirtschaft. Zeitschrift für Ökologie und Naturschutz 2 (1993), S. 181 – 192].*

Viel leichter verständlich sind die **Gebote und Verbote des Prozessschutzes**, die ich hier nur stichpunktartig zusammenfasse.

Gebote des Prozessschutzwaldbaukonzeptes *(in Stichwörtern):* Waldbaukonzept nach dem Minimal-Prinzip - ein Zuviel schadet meist - Vorsorgeprinzip bedeutet Minimierung des Risikos forstlicher Eingriffe - Urproduktion bedeutet Nutzung der Natur - Prozessschutz heißt vorrangig ökologisches optimales Funktionieren, langfristige Planung sozialer, kultureller und wirtschaftlicher Anforderungen als Einheit von Pflanzen, Tiere und Menschen *(Nachhaltigkeitsprinzip)* - das Vorsorgeprinzip bedeutet minimale Eingriffsstärke bei allen Aktivitäten - die Minimierung des Risikos forstlicher Eingriffe betrifft auch die Bodenbearbeitung und Pflegearbeiten - Prinzip des ökologischen Gleichgewichtes fordert eine Kontinuität der ‚waldökosystemaren Entwicklung' – eine Zielstärkennutzung *(Baumstärken bei der Holzernte)* sichert hohe Holzpreise – gefördert werden die Entwicklung einer hohen natürlichen Biodiversität und die Erhaltung des Erholungsraumes für die Bürger. Das sind nur einige Beispiele.

Der Wirtschaftswald bedarf gut zu bewirtschaftende Strukturen, einfache klar definierte Maßnahmen, eine saubere, also unratfreie Waldwirtschaft. Es geht um den rentablen und funktionsgerechten Waldbau. Zu beachten: Die eigendynamischen Entwicklungsprozesse im Wald laufen nur auf sogenannten **Sonderstandorten** *(z. B. urwaldähnlicher Wald, Moor)* ab.

Verbote des Prozessschutzwaldbaukonzept *(in Stichwörtern)***:** keine Kahlschläge, keine Monokulturen, keine exotisch fremden Baumarten, keine Anwendung von Dünger oder Pestizide *(Pflanzenschutzmittel)*, keine Beeinflussung des Waldbodens außerhalb neuer Erschließungen, keine Entwässerung, kein Befahren des Waldbodens außerhalb der Erschließungen, Anpassung der forstlichen Aktivitäten an ökologische Erfordernisse, keine ‚Eingriffsstärken außerhalb der natürlichen Störungsregime im entsprechenden Waldökosystem', kein Füttern von Wildtieren *(nicht unkritisch anzuwenden, Wildacker zum Ablenken von forstlichen Kulturen)*, kein Holzeinschlag durch fremde Unternehmer, sondern durch gut ausgebildetes eigenes Personal. Das setzt ausreichend große Betriebe und einen betriebsübergreifenden aber ortsständigen Maschinenpark voraus. In diesen Forderungen kann ich viele alte Erfahrungen wiedererkennen.

Eine **Superspezialisierung in der Forstwirtschaft** steigert die Produktivität nur eines Teils der gesamten Forstwirtschaft meist auf Kosten anderer wichtiger Betriebsteile. Beispielsweise wurde in der Lausitz in den Achtzigerjahren des vergangenen Jahrhunderts eine Teilung der Forstwirtschaftbetriebe in Forstnutzung und Waldbau eingeführt. Durch Arbeitsteilung erwartete man eine sehr viel höhere Produktivität. Was die Forstnutzung an Mehreinnahmen einbrachte, fehlte dem Waldbau. Der Boden und die Naturverjüngung wurden durch die Forstnutzung zerstört. Der Waldbau hatte darauf keinen Einfluss. Fast nehme ich eine Konkurrenz zwischen Waldbau und Waldnutzung an. Das Projekt war ein Minusgeschäft.

Die Verantwortung jedes Forstwirtes für die gesamte Waldwirtschaft ist der Kern einer erfolgreichen Forstwirtschaft. Das schließt eine Spezialisierung der Arbeitkräfte nicht aus. Jeder Forstwirt aber muss bei seiner konkreten Arbeit das Gedeihen des ganzen Waldes im Blick behalten. Der Wald ist ein ,ganzheitliches, lebendes System'.

Harvestereinsatz & Holzvollerntemaschinen

Wie oben beschrieben, gehen der Waldbau und die Forstnutzung mit der dazugehörenden forstwirtschaftlichen Technik immer Hand in Hand. Die moderne Forstwirtschaft fordert sowohl bei der Bearbeitung kleiner Flächen, als auch bei großflächiger Bearbeitung leistungsstarke dem Bedarf angemessene Maschinen. Das beginnt im Pflanzgarten *(Kamp)* und endet mit riesigen Kahlschlägen, die jedoch in Mitteleuropa die absolute Ausnahme bleiben sollten *[Internet, Wikipedia, Harvestereinsatz, Holzvollerntemaschine]*. Es heißt also: **große Flächen gleich große Maschinen - kleine Flächen gleich variable Maschinen.** Das fängt bei kleinen oder großen Motorsägen für unterschiedliche Baumbestände an.

Die Sterne der Entwicklung in der Forstwirtschaft heißen Holzvollerntemaschinen *(Holzvollernter, Harvester)*. Das sind geländegängige Maschinen, die den Baum fixieren, im unteren Bereich reinigen und dann fällen. Aus der Kanzel des Maschinisten heraus kann der Baum angehoben, gedreht und in die gewünschte Richtung abgelegt werden. Auch das Entasten und gegebenenfalls auch das Entrindet *(Farwader)*, Vermessen und ein Zuschnitt auf vorgegebene Längen erfolgt in einem Arbeitsgang. Bei zehn Meter Stammlänge kommt ein Zuschlag von 2 oder 3 cm dazu, der beim Zersägen des Stammes in kurze Anschnitte eventuelle Holzverluste vermeidet *(Schnittbreite der Motorkettensäge)*. Am Ende werden die Stammfragmente transportfähig abgelegt. Mit dem Holzschnitzelharvester können die Äste an Ort und Stelle zu Rinden- oder Holzschnitzel zerkleinert werden. Die Holzabfuhr über neu angelegte Holzabfuhrwege ist die

Voraussetzung für die Effektivität und die Erhaltung der Naturverjüngung.

Bei den kurz geschnittenen Baumstücken werden die Durchmesser alle 30 cm gemessen, das untere Stammstück markiert und die Holzqualität je nach geforderten Parametern ermittelt. Unter anderem entspricht ein geringer Abfall des Stammdurchmessers von der Wurzel zur Baumspitze einer höheren Holzqualität. Die maximale Baumstärke liegt je nach Maschine bei etwa 70 cm. Ein kleiner Arbeitsplatzcomputer steuert den gesamten Arbeitsablauf und bewertet die Holzqualität, berechnet die Holzmenge für den Käufer und gibt zusätzlich die Lohnabrechnung für den Maschinisten aus.

Es gibt eine Vielzahl von Ausführungen wie Rad- und Baggerfahrzeuge *(mit Raupen meist in ‚Schnee-Kettenform').* Der Antrieb ist ein dieselelektrischer Generator. Eine Kreissäge bei Sonderfahrtzeugen oder heute die Kettensägeneinheiten zertrennen den Stamm. Eine ökologische Besonderheit ist eine Harvester-Maschine auf Stelzen. Man stelle sich vor, dass wertvolles Stammholz auf einem forstwirtschaftlichen Pflanzgarten möglichst schonend für die Pflanzen geerntet werden muss. Hier ist für den erfahrenen Forstwirt mit diesem Gerät eine verlustarme Holzernte möglich. Bei der schonenden Holzernte mit dieser Maschine auf

Stelzen muss eine geringere Leistung als Kompromiss in Kauf genommen werden *(Leider konnte ich mir diese Maschine noch nicht bei der Arbeit anschauen)*.

Der Name Harvester *(harvest = Erntezeit)* taucht erstmalig 1908 als Firmenname der „International Harvester Company" m. b. H. auf. Diese Firma in Neuss hat sehr unterschiedliche Geräte, Anlagen und Maschinen gebaut *(deutsche Tochtergesellschaft: IHC Neuss)*. Etwa in den Siebzigerjahren des vergangenen Jahrhunderts sind die von Schweden und Finnland entwickelten Holzerntemaschinen *(Valmet)* weiter entwickelt worden *(weitere Informationen siehe Internet)*. Die ersten, alten Maschinen sind heute nur noch im Waldarbeitsmuseum in Lycksele *(Nordschweden)* zu besichtigen. Bei ihrem Anblick wurde ich an Maschinen im Straßenbau und Braunkohlentagebau erinnert. Das ist keine Herabwürdigung dieser ersten Maschinen. Eine kleine Bemerkung möchte ich nicht verschweigen. Einem Förster in der Niederlausitz *(Ostdeutschland)* wurden wenige dieser neuartigen Monster zum Test in den Achtzigerjahren bereitgestellt. Dazu sagte er mir, dass die Leistung ungeahnt groß war, dass er hier eine zukunftsträchtige Entwicklung erkannte, dass er aber froh war, weil damals das Geld fehlte, um mehr solcher Maschinen einzukaufen. Der Verlust durch Zerstörung des Waldbodens und der Naturverjüngung war größer als der Gewinn durch die neue Monster-Technik. Jede technische und gesellschaftliche Entwicklung führt selten im ersten Schritt zum gewünschten Erfolg. Aus Monstermaschinen sind heute hoch entwickele Wunderwerke geworden, die in der ganzen Welt geschätzt werden. Eine gute forstwirtschaftliche Entwicklung setzt Hartnäckigkeit und Kreativität voraus.

Hier möchte ich über eine kleine Begebenheit mit einer modernen Holzvollerntemaschine berichten. Ich hatte mich in der schmalen Kanzel hinter den Maschinisten ‚festgeklemmt', um den gesamten Arbeitsablauf mit dem Fotoapparat festzuhalten. Plötzlich begann sich, das Fahrzeug zu neigen. Rechts von uns war ein tiefer Abhang zu sehen. Ich befürchtete schon das Schlimmste. Da richtete sich die Kanzel zusammen mit dem kranähnlichen Teleskoparm automatisch auf und verlagerte so den Schwerpunkt der Maschine zum Hang aufwärts. Die Kanzel stand wieder wie auf einem planen Platz. Ich spürte, dass meine Angst unbegründet war. Bei der gleichen Fahrt konnte ich beobachten, wie sich die Naturverjüngung zum großen Teil nach dem Einsatz der Maschine wieder aufrichtete. Auf dem unebenen und steinigen Boden in Skandinavien schwebten die Räder samt schneekettenähnlichen Ummantelungen über Bodenlöcher und Steine hinweg. Der Verlust der Naturverjüngung ist jedoch von Fall zu Fall verschieden. In der Zeitschrift „TRUCKING"-Scandinavia (Nr.5, 2014) habe ich keine Holzvollerntemaschine auf Stelzen entdeckt. Dieses Gerät scheint mir zu den Ausnahmeentwicklungen zu gehören. **Dennoch gilt unverändert die Regel, dass mit ansteigendem Gewicht einer Arbeitsmaschine die Schädigung des Waldbodens und der Naturverjüngung zunimmt.**

<u>Harvestereinsatz: Ja oder nein?</u>

Voraussetzungen: Verkaufsverträge vor dem Einschlag abschließen - Lagerfläche schaffen, weil große Holzmengen anfallen - Zuordnung der Holzabschnitte besonders bei unterschiedlicher Qualität ermöglichen - Erntevolumen ermitteln - max. Holzdurchmesser: 70 cm - genaue Einschlagsplanung – Schneisen für die Holzabfuhr und für schwere Lasten schaffen – die Holzabfuhr organisieren – Bodenqualität ermitteln *(steiniger, fester oder weicher Boden)*.

Die Gefahr durch eine Harvester-Holzvollerntemaschine: Natürlich kann die Harvester-Holzvollerntemaschine bei unzweckmäßigem Gebrauch zu einer Gefahr für den Waldboden und das Unterholz werden. In Potsdam *(Ostdeutschland, Brandenburg)* wurde mir

Folgendes berichtet: Die hohe Effektivität dieser Maschinen haben die Forstwirte so stark begeistert, dass sie geneigt waren, mehr

119

Holz zu ernten, als angemessen war. Ihre ökonomischen Träume standen ihrer korrekten Arbeitsweise gegenüber. Das Prinzip der vorratspfleglichen Waldwirtschaft bzw. das Nachhaltigkeitsprinzip muss auch bei hoher Effektivität in der Forstnutzung gewährleistet bleiben. Das Einführen eines betriebsübergreifender Maschinenparkes scheint mir aus dieser Sicht sinnvoll zu sein.

Arbeitsteilung: Der Forstbetrieb benötigt erfahrene Forstwirte, die in Teamarbeit alle Aufgaben lösen können. Eine Arbeitsteilung durch eigenständige Teilbetriebe ist nur möglich, wenn alle Aufgaben, dazu gehört auch das Vermeiden von Waldschäden, zentral organisiert und geleitet werden. **Zum Forstbetrieb gehören natürlich auch Subunternehmen.** Der Vorteil von Subunternehmen ist, dass das Risiko für den Mutterbetrieb *(Fehlkalkulation, Schulden, Insolvenz)* minimiert werden. Als Gegenleistung können vertragliche Einbindungen des Subunternehmens in den jeweiligen Forstbetrieb für langfristige Aufträge sorgen und eine bessere betriebliche Zusammenarbeit bewirken.

Unabhängige und fremde Konkurrenten sollte man möglichst nicht Inanspruch nehmen! Möglicherweise sind denen die von ihnen angerichteten Waldschäden gleichgültig. Hoffentlich irre ich! Von Ihnen wird Leistung, nicht aber das Interesse am gesamten Wald verlangt. Die Zusammenarbeit und die gemeinsame

Verantwortung sind gefragt! In Schweden konnte ich sehen, wie sorgfältig die Maschinisten mit der Naturverjüngung umgingen. Der Schutz des Jungwuchses liegt im Können der Maschinisten. In Schweden habe ich einen Forstbetrieb kennengelernt, der für schonenden Umgang mit der Naturverjüngung Prämien zahlte.

Bereits bei der Planung des Holzvollerntereinsatzes müssen die Vorgaben gemeinsam von den Sachkundigen, Forstwirten, den interessierten Fachkräften und den Naturschützern sowie mit den zuständigen staatlichen Verwaltungen festgelegt werden.

Ökonomie oder Naturschutz

Die Vorstellung: „Naturschutz kontra Wirtschaftswald" führt In eine Sackgasse. Der Mensch selbst ist und bleibt ein wichtiger Bestandteil unseres gemeinsamen Ökosystems. Wenn man den Naturschutz benutzt, um die Existenz der dort lebenden Menschen zu erschweren, dann zerstören wir dieses Ökosystem, zu dem auch wir gehören, dann werden sich die Menschen gegen den Naturschutz wenden. Auch der Mensch braucht seinen Schutz vor Naturkatastrophen, vor Kriege, vor Krankheiten wie Cholera und Tuberkulose sowie den Schutz vor gefährlichen Tieren und auch vor Insektenkalamitäten *(Eichenprozessionsspinner in Ostdeutschland)*.

Die folgenden Gespräche sagen mehr über das Denken und Hoffen der Forstwirte vor über einem halben Jahrhundert aus, als alle wirtschaftlichen und statistischen Dokumentationen zusammen *[leicht verändert nach einer Erzählung im Jahre 1954 stattgefunden: Kehl, K. „Die Seele des Holzfällers", Verlag am Park, 2005, S. 205-206].*

Frühstückspause im Potsdamer Forst. Unverändert lag eine drückende Schwüle auf uns. Der nächste Blitz war schon zu spüren. Da setzte ein heftiger Regen ein. Von der Kapuze unseres Umhanges tropfte das Wasser. Im Augenblick waren wir alle am Gespräch beteiligt. Erneut begann der Lehrmeister: „Die Entwicklung der Gesellschaft geht weiter. Auch der Naturschutz muss sich diesen Veränderungen anpassen. Denkt ihr vielleicht, dass man unser Land in ein idyllisches Urwäldchen verwandeln kann? Glaubst du, dass so etwa möglich ist?" Der Bäcker *(Spitzname eines Lehrlings)* plapperte gleich dazwischen: „Jedenfalls würde es den Bäumen in so einem Urwald viel besser gehen." Schweigen. In den Köpfen knisterte es. „Darf man denn den Wald sich selbst überlassen?", fragte uns unser Lehrmeister und setzte seine Rede fort, „nun, wenn du dir einen idyllischen Märchenwald herbeisehnst, werden andere Völker kommen und dort mit ihren Autos fahren, wo du das Autofahren verbietest. Andere Großunternehmen werden ihre Industrie dort aufbauen und durch gewaltige Industriegiganten unser Land da zerstören, wo du von einem beschaulichen und einträchtigen Wäldchen geträumt hast." Lutz wurde jetzt kleinlaut. Das spürte und nutzte der Lehrmeister: „Halt! Natürlich wollen wir das Einzelobjekt schützen. Aber der Baum und der Falke brauchen auch ein ausreichendes Umfeld. Deshalb reicht es nicht, ein Naturschutzschild an einen Baum zu nageln. Komplexer Naturschutz heißt, eine größere Landschaft, einen Auenwald oder eine Urwaldzone, ein Moor   oder einen Flusslauf mit den dazugehörigen Bäumen zu erhalten sowie Sträucher und Tiere zu schützen. Du musst beispielsweise verhindern, dass an unseren schönen Seen ein Haus neben dem anderen gebaut wird. Das wird dir aber nur dann gelingen, wenn du einen besseren und billigeren Baugrund bereitstellst. Mehr noch, der wirkungsvollste Naturschutz beginnt in einem Konstruktionsbüro, wenn umweltfreundliche Industrieanlagen entstehen, die ihre Abfallprodukte gleich wieder in Folgeprozesse sinnvoll weiter verarbeiten. Du musst das Interesse der Industrie wecken. Beide brauchen sich: der Naturschutz und die Industrie. Hoher Gewinn lässt sich nachhaltig nur in einer heilen Welt erarbeiten. Schon im Mittelalter war es der wachsende Holzbedarf, der Anlass zur Entwicklung der Forstwirtschaft gab. Diese Zusammenhänge muss man erkennen und nutzen. Erst wenn du das geschafft hast, kannst du auch Einzelobjekten einen dauerhaften und auch wirkungsvollen Schutz angedeihen lassen."

Harry schüttelte den Kopf und Gunnar spöttelte: „Und das soll keine Träumerei sein?"

Ökologie und Ökonomie sind eine untrennbare Einheit. Der Naturschutz muss erarbeitet werden. Ein erfahrener Waldarbeiter aus dem Potsdamer Forst sagte 1956: **„Die größte Gefahr für den Wald sind die Dummheit und das Revoluzzertum"** *(ungesteuerte und viel Schaden verursachende gesellschaftliche Revolution).*

<u>Der Wald ist eine sich selbst regulierende Gemeinschaft!</u>

Im letzten Jahrhundert hat sich ein neues Verständnis für die Belange der modernen Forstwirtschaft herausgebildet. Ich wiederhole. **Wir denken anders, verantwortungsvoller und zukunftsorientierter, also nachhaltiger.**

Mit den folgenden Gesprächen zwischen den Forstlehrlingen *(Auszubildende)* und dem Lehrmeister *(Ausbilder)* möchte ich, das neue Denken verständlich machen *[nach Texten von K. Kehl: „Die Seele des Holzfällers", 2005, Verlag am Park].*

Es geht um das Herz des Waldes. Der Lehrling Ludwig setzte das Gespräch fort: „Wir haben die Besonderheiten des Bestandes, die Holzarten und den Zustand der einzelnen Bäume besprochen und verstanden. Okay! Das aber kann doch noch nicht alles sein. Mein Vater würde jetzt fragen, was das Herz des Waldes ist. Manch einer sprich sogar sehr bewegt von der Seele des Waldes." Unsere Köpfe arbeiteten. Herz oder Seele, mit der „Seele des Waldes" ist keine Esoterik gemeint *(Esoterik: eine Geheimlehre einer paranormalen Welt)*. **Vielmehr ist der gesunde Wald als eine hoch entwickelte und optimal gesteuerte Biogemeinschaft zu verstehen, in der viele Geheimnisse schlummern.** Sie verlangt unseren Respekt.

Ruhe am Frühstücksfeuer! Inzwischen war der Förster zurückgekommen und mischte sich in unser Gespräch ein: **„Der Urwald ist eine sich selbst regulierende Pflanzen- und Tiergemeinschaft, die sich selbstständig an ihre Umwelt anpasst und diese sogar zu ihrem eigenen Vorteil gestalten kann."** Gunter: „Habe ich das richtig verstanden? Ihr redet von einem ‚**sich selbst regulierenden System Wald**'. Unser Chemielehrer hat uns etwas Ähnliches an einer chemischen Gleichgewichtsreaktion erklärt, die sich immer wieder auf ein ausgewogenes Mittelmaß zwischen den chemischen Ausgangs- und Endprodukten einreguliert, auch dann, wenn Reaktionsprodukte hinzugegeben oder weggenommen werden. Er sprach von einem sich selbst regulierenden chemischen System. Der Wald ist dagegen etwas völlig anderes. Ihr redet vom Herz des Waldes. Das verstehe ich nicht."

Der Lehrmeister überlegte ein wenig: „Wie soll ich euch das erklären? Der Wald ist viel mehr als die Summe alle Bäume im Forstrevier. Nein, auch das trifft nicht ganz des Pudels Kern. Himm, na ja! Gegenüberstellungen hinken. Ich versuche es einmal mit einem Vergleich. Ihr könnt euch sicher eine gut funktionierende Familie vorstellen, in der alle Schwierigkeiten gemeinsam gelöst werden. Entschuldigt mein Schmunzeln. Ihr helft doch alle im Haushalt eurer Familie mit. Oder ist das anders? Wenn ihr eure Lehre beendet habt, werdet ihr von eurem Lohn auch etwas zum Wirtschaftsgeld beisteuern? Natürlich macht ihr das. Gut so.“ „Ja!“, sprachen wir leise im Chor und senkten dabei den Kopf. Der Lehrmeister setze seine Rede fort: „Immer geht es um eine gemeinsame Verantwortung, aber auch um gegenseitige Hilfe. Versteht ihr mich?“ Selbst der erfahrene Drückeberger Jochen bekam rote Ohren. Er war kein Vorbild, nein, aber doch zu beneiden. Ludwig war verlegen: „Nun ja, ihre Vorstellung von der Familie habe ich gehört aber doch nicht ganz verstanden. Ob das bei uns zu Hause funktioniert, wer weiß? Was aber hat die Familie mit der Seele des Waldes zu tun?“ Der Lehrmeister lachte: „Die Familie und der Wald sind zwei sehr ähnliche Lebewesen, die sich beide immer wieder neu an die veränderten Lebensbedingungen anpassen müssen und auch können.“ ‚Der Bäcker‘ stöhnte ein wenig: „Kaum zu begreifen.“ Jetzt unterbrach ihn der Lehrmeister: **„Wenn**

ihr euch merkt, dass jede Familie viel stärker und klüger ist, als der Beste von euch alleine sein kann, und wenn ihr versteht, dass der Schlüssel zum Erfolg der Zusammenhalt ist, dann habt ihr schon das Wichtigste begriffen. Im Wald ist das nicht viel anders."

Nun war für den Lehrmeister der Augenblick gekommen, uns das ‚Herz des Waldes' zu erklären. So begann er: „Verstanden habe ich das Herz des Waldes erst, als mir ein alter Mann das Wesen der Waldgemeinschaft mit einem Gleichnis erklärte. Das hörte sich etwa so an: ‚Wenn beispielsweise die vielen Zahnräder und Federn eines Uhrwerkes in einer Schale liegen, sind sie nur Ersatzteile, vielleicht auch nur Schrott. Selbst das ist möglich. Erst wenn die geschickte Hand eines Uhrmachers alle Teile richtig zusammensetzt, wird aus den Einzelteilen ein Uhrwerk mit einer genau arbeitenden Unruhe *(heute einem Quarz)*, einem gut aufeinander abgestimmten Räderwerk und mehreren sich unterschiedlich schnell drehenden Zeigern, die uns die Zeit anzeigen, die Zeit, nach der sich unsere Welt dreht'. Das hat der Mann gesagt" *[nach K. Kehl, Der Glaube an die moderne Familie, Wagner Verlag, S. 361 ff.]*.

Zurück in den forstwirtschaftlichen Alltag: Ich überlegte: Uhrwerk - aufeinander abgestimmtes Räderwerk - Zeitanzeige. Na aber! Die Uhr ist ein totes Ding, der Baum dagegen ein eigenwilliges Geschöpf. Dann war da noch von einem biologischen Netzwerk die Rede. Ich bin zufrieden, dass ich die Bedeutung eines Computernetzwerkes *(heutige Vorstellung)* so in etwa verstanden habe. Schwer, schwer! Zum Glück setzte der Lehrmeister seine Rede fort: „Durch das Zusammenwirken in der Gemeinschaft des Waldes ist etwas völlig Neues, das eigenständige Lebewesen ‚Wald‘ entstanden. Ich wiederhole: Erinnert euch jetzt an die Familie. **Auch die Waldgemeinschaft ist zusammen viel stärker und klüger, als das beste und stärkste Lebewesen im Wald alleine je sein kann. Der Schlüssel zum Erfolg ist das gut aufeinander abgestimmte Zusammenwirken aller Beteiligten.“** Wir schauten ungläubig auf den Lehrmeister und schielten ganz verlegen unter unserer Schirmmütze hervor. Wie recht die Lehrmeister immer haben? Widerspruch sinnlos. Was soll es? Weiter!

Nun beendete der Lehrmeister seine Ausführungen: „**Eine solche Waldfamilie stellt das ‚sich selbst regulierende System Wald‘ oder die Seele des Waldes dar, das fortlaufend und ohne Hilfe von außen, alle seine Lebensfunktionen selbstständig optimiert. Der tropische Regenwald veranschaulicht das besonders eindrucksvoll.“** Ich denke jetzt an das wichtige **Minimalprinzip in der Forstwirtschaft.** Das jeden überflüssigen Eingriff ausschließt, der das aufeinander abgestimmte Zusammenwirken beeinträchtigt.

Ein letztes Gleichnis: **Der Urwalddoktor und Nobelpreisträger Dr. Albert Schweizer** *(✱ 1875 - ✝ 1965)* hat behauptet: „Wir Ärzte tun nichts anderes, als den ‚Doktor des Inneren' *(die Heilkraft des kranken Körpers)* zu unterstützen und anzuspornen. **Heilung ist Selbstheilung.**" Ich möchte diese Erfahrung auf den Wald übertragen: Des Försters Aufgabe besteht vor allem darin, alle schädlichen Einflüsse vom Wald fernzuhalten und den Bedarf der Gesellschaft mit den Erfordernissen der Natur aufeinander abzustimmen. Das Gesagten erklärt auch das **Prinzip des Minimaleinsatzes in der Forstwirtschaft,** nach dem wir nicht mehr verändern dürfen, als unbedingt erforderlich ist, denn **Heilung ist Selbstheilung.**

Wie aber sollten wir den Wald behandeln?

<u>Was von alleine wächst, gedeiht am besten.</u>

<u>Verkümmert der Wald, ist Hilfe erforderlich.</u>

<u>Stirbt der Wald, muss der Mensch eingreifen.</u>

Auch das gehört zur neuen Denkweise in der Waldwirtschaft.

(Aufgestellt in der ‚Sächsischen Schweiz' am Zugang zu den Bärensteinen)

Die Geschichte der Forstwirtschaft in Bildern

Steinzeitliche Äxte in Gränsfors Brucks, Schweden

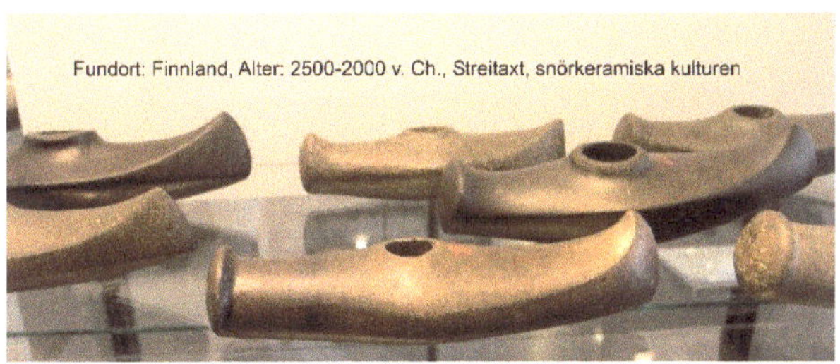

Keramikstreitäxte aus der schnurkeramischen Periode in der „Frühgeschichtlichen Abteilung des Finnischen Nationalmuseum" in Helsinki, ca. 2500 Jahre v. Chr.

Das traditionelle Fällen der Bäume mit Axt und Schrotsäge durch eine Zweimannrotte.

Das Fällen eines Baumens mit Axt und Säge (der zweite Mann fotografiert).

Holzeinschlag zur Gewinnung von Zellstoff (Zeitungspapier)

Zweimann Motorsäge aus Thüringen (Ostdeutschland) *1956 –*

Beachte den früher fehlenden Arbeitsschutz!

Monstermaschinen sind der Beginn der Harvestervollernter, Waldarbeitsmuseum in Lycksele (Schweden)

Einmann-Motorkettensäge (Foto bearbeitet) und Valmet-Harvester im dichten Bestand & auf dem Werksgelände.

Rückekralle für Baumstämme

Holzabfuhr mit der Hand und mit Pferden

Moderne Holzabfuhr in Nordschweden

Ein hochmodernes „Mini-Sägewerk"

Ein Blick in die Zukunft

Die Pflanzen ergründen! Wir leben in einer schnelllebigen Zeit. Was heute dem neusten wissenschaftlichen Stand entspricht, kann morgen schon veraltet sein. In diesem Buch geht es um den Wald, also um **Pflanzen, die bisher von uns in die unterste Stufe der Lebewesen eingeordnet wurden.** Holz sind Baumaterial, Werkzeuge, Brennholz und auch Möbel. Kartoffeln und Erdbeeren sind Nahrungsmittel, mehr nicht. Ich kann nicht alles aufzählen. **Werden diese Pflanzen immer wie ein Lebewesen behandelt?** Nur unsere Großmütter redeten mit den Pflanzen. Die junge Generation lächelt darüber. Wenigstens manchmal wird eine schöne Blume wie ein liebes Kind angeschaut.

Eine neue Epoche beginnt: Bereits **Charles R. Darwin** *(∗1809 - †1882)* soll als Erster in der Wurzelspitze der Pflanzen ein raffiniertes Sinnesorgan gesehen haben. Schon in den Achtzigerjahren des vergangenen Jahrhunderts hat der **Physiker Prof. Dr. Gießmann** *(Ostdeutschland)* an Kornhalmen die elektrischen Potenziale von der Wurzel- bis zur Halmspitze mit EKG-Geräten gemessen *(Elektrokardiografiegeräte für die medizinische Diagnostik der Menschen)*. Diese bioelektrischen Potenziale der Pflanzen ähnelten in etwa den EEG-Kurven des Menschen *(rhythmische elektrische Impulse des menschlichen Gehirns), [mündliche Mitteilung an den Autor]*.

S. Mancuso und Mitarbeiter beschreiben in ihrem Buch „Die Intelligenz der Pflanzen" Folgendes: „Pflanzen versorgen uns nicht nur mit Nahrung, Energie und Sauerstoff, sie haben mehr Sinne als der Mensch. Sie können die Schwerkraft berechnen und chemische Stoffe analysieren, tauschen mit Vögeln und Insekten Informationen aus und **ihr Wurzelwerk bildet eine Art lebendes Web**." S. Mancuso und Mitarbeiter sprechen von der **Intelligenz der Pflanzen. - P. Wohlleben, ein Förster,** schreibt in seinem Buch „Das geheime Leben der Bäume": „Im Wald geschehen die erstaunlichsten Dinge: Bäume kommunizieren miteinander. Sie umsorgen nicht nur liebevoll ihren Nachwuchs, sondern pflegen auch alte und kranke Nachbarn. **Bäume haben Empfindungen, Gefühle, ein Gedächtnis.** Unglaublich? Aber wahr!"

Pflanzen erkennen eine Gefahr: Wassermangel, Trockenheit, Schadstoffe im Boden, um dann die Gefahr zu vermindern. Pflanzen reagieren anders gegenüber Artgenossen, als gegen Artfremde. Sie können mit ihren benachbarten Pflanzen über ihre Wurzeln Stoffe austauschen. *[Peter Wohlleben: Das geheime Leben der Bäume", Ludwig Verlag, 12. Auflage, 2015, München – Stefano Mancuso & Alessandra Viola: „Die Intelligenz der Pflanzen", Antje Kunstmann Verlag, München, 2015]* **Ohne Pflanzen gibt es unser Leben nicht. Die Pflanzen sind von der Sonne abhängig und die Tiere von den Pflanzen** *[frei nach Mancuso s. o.]*.

<u>Es folgen Bilder ohne Worte.</u>

Wendehaken

Der Autor Klaus Kehl, *Jahrgang 1940, wurde durch den Krieg und die Nachkriegszeit geprägt. Mit seiner Lehre zum Forstwirt wollte er sich Kindheitsträume erfüllen. Weil nun mehr Förster ausgebildet, als damals gebraucht wurden, begann er ein Medizinstudium, wurde Internist und Kardiologe, habilitierte in Rostock und bildete zum Schluss junge Ärzte in der Ultraschalldiagnostik aus.*

Die Verbindung zur Forstwirtschaft hat er nie verloren. Forstwirte und höhere Forstbeamte, aber auch viele Skogvaktare (schwedische Forstwirte) haben ihm geholfen, mit der Entwicklung der Forstwirtschaft mitzugehen. Danke.

Er liebt das Bergsteigen, fuhr viele Jahre mit Kindern, Jugendlichen und der Familie in das Sächsische Elbsandsteingebirge. Heute ist er stolz, dass seine Schützlinge besser klettern als er.

Jetzt beschäftigt er sich mit den alten forstwirtschaftlichen Erfahrungen.

(Forstwirt a. D.) Dr. Klaus Kehl lebt in Berlin (2016).

Impressum